汉江中下游河流生态健康评价研究

徐鑫　王楠　高清军　田明晶◎著

河海大学出版社

HOHAI UNIVERSITY PRESS

·南京·

图书在版编目(ＣＩＰ)数据

汉江中下游河流生态健康评价研究 / 徐鑫等著. --
南京 : 河海大学出版社，2023.12
ISBN 978-7-5630-8525-5

Ⅰ．①汉… Ⅱ．①徐… Ⅲ．①汉水－环境生态评价－
研究 Ⅳ．①X522.02

中国国家版本馆 CIP 数据核字(2023)第 219808 号

书　　名	**汉江中下游河流生态健康评价研究**	
书　　号	ISBN 978-7-5630-8525-5	
责任编辑	杜文渊	
特约校对	李　浪　　杜彩平	
装帧设计	徐娟娟	
出版发行	河海大学出版社	
地　　址	南京市西康路 1 号(邮编:210098)	
电　　话	(025)83737852(总编室)　　(025)83787763(编辑室)	
	(025)83722833(营销部)	
经　　销	江苏省新华发行集团有限公司	
排　　版	南京布克文化发展有限公司	
印　　刷	广东虎彩云印刷有限公司	
开　　本	718 毫米×1000 毫米　　1/16	
印　　张	6.75	
字　　数	150 千字	
版　　次	2023 年 12 月第 1 版	
印　　次	2023 年 12 月第 1 次印刷	
定　　价	59.80 元	

《汉江中下游河流生态健康评价研究》

编审委员会

前言
preface

近年来,流域梯级水电开发已成为高效利用水资源的趋势和必然途径,在发电、防洪、航运、灌溉的综合利用模式下,梯级水电开发项目在带来巨大经济效益的同时,其带来的生态环境问题也逐渐引起了关注。在梯级开发模式下,水库空间布局较为密集,多个水库对环境的影响必然会对河流生态环境产生不良影响,甚至累积效应。梯级水电开发环境累积影响主要体现在水环境、生态环境和社会环境等方面。水坝拦截阻断了河流地理空间上的连续和水流过程的连续,改变了河流原本的水文环境特征,使得天然状态下的河流生态系统逐渐演变成河流-水库生态系统。梯级开发使河流逐渐形成急流型生境和缓流型生境交错的空间结构,生境要素的配置受大坝运行影响显著,使得河流生态结构和功能显著差别于自然河流和单一水库。

汉江发源于秦岭南麓,于武汉市汇入长江,是长江的最大支流,全长 1 577 km,全流域面积 15.9×10^4 km²。多年平均径流量 566×10^9 m³。丹江口以上为上游,以下为中下游。汉江流域水利工程众多,汉江中下游也是湖北省经济发展的中心。汉江中下游流域规划建设七级水利梯级枢纽(丹江口—王甫洲—新集—崔家营—雅口—碾盘山—兴隆),其中丹江口水库为南水北调中线工程水源地,重点解决北京、天津、石家庄等沿线 20 多座城市的缺水问题,年调水量可达 95×10^9 m³。目前已建成的航运枢纽包括丹江口、王甫洲、崔家营和兴隆,在建的为雅口和碾盘山,规划未建的为新集枢纽。梯级水电开发同时具备防洪、灌溉、航运等功能,可实现水资源的高效利用,带动地方经济发展。但与此同时,梯级开发带来的环境影响也不容忽视。自1992年以来,汉江中下游水华现象频繁发生,并且呈现出规模扩大的趋势,汉江水质受到严重污染,下游宗关水厂不能正常供水,使沿岸居民日常用水受到严重影响。随着经济的大力发展,水资源的开发利用带来的河流健康问题日益严峻。水利工程在给人类带来巨大经济效益的同时也使河流失去了很多生态服务功能,人类在利用自然资源的同时应采取措施促进河流生态系统向健康可持续的方向发展。

目前研究水电开发对环境的影响仍以单个项目为主,关于梯级开发对整个河流生态系统影响的研究甚少。梯级开发对河流的影响具有时间和空间的累积作用,应该把河流生态系统作为整体去研究。目前的河流健康评价侧重于评价生态系统的状况,但随着水资源的不断开发利用和人类活动的影响加剧,河流的水文环境发生很大改变且污染来源情况变得更加复杂,河流健康问题愈发严重,我国河流正面临生态系统退化的风险,建立科学全面的河流生态系统健康综合评价体系是十分必要的。因此,本课题以梯级开发下汉江中下游河流生态系统为对象开展研究,旨在构建水文水动力-水质-水生生态综合评价指标体系,探明汉江中下游河流健康状况,为水资源利用和河流管理提出科学建议。

本书研究内容依托交通运输部天津水运工程科学研究院项目"汉江中下游干流梯级开发下物理生境和水生生态环境累积效应研究"开展,由中央级公益性科研院所基本科研业务费专项资金项目"汉江中下游干流梯级开发下物理生境及水生生态环境累积效应研究"(TKS20210210);交通运输行业重点科技项目清单(2021-MS5-136)支持完成。课题组以汉江中下游干流梯级开发对水生生态环境的累积影响为研究对象,开展梯级开发下物理生境及水生生态环境调查,阐明梯级开发下河流生态系统要素之间的内在联系和生态过程的时空演变机制,阐明梯级开发对物理生境及水生生态环境累积效应影响机理,构建汉江中下游干流梯级开发下水文水动力-水质-水生生物累积效应综合评价指标体系,为汉江流域梯级开发与生态保护综合决策提供技术支撑。

本书系统综述了河流健康评价研究进展和研究方法,在吸收和总结前人研究成果的基础上,结合汉江中下游实际调查情况,建立河流健康综合评价指标体系并加以应用。河流健康评价的研究内容涉及学科众多,且作者学识尚浅,写作水平有限,若有不妥之处,敬请批评指正。

作　者

2023 年 2 月

目录
contents

第一章

河流健康评价研究概况

20 世纪 70 年代全球生态系统普遍退化,人们开始关注环境污染和生态环境的破坏,生态系统健康的概念在这一背景下产生(吴阿娜,2008)。Schafer(1988)等学者首次探讨了生态系统健康度量的问题,Rapport(1985)认为健康的生态系统是具有稳定性和可持续性的,即能够维持其自身稳定性,对于外界胁迫具有自我调节能力和恢复能力。国际生态系统健康学会将生态系统健康定义为"研究生态系统管理的预防性、诊断性和预兆性特征,以及生态系统健康与人类健康之间关系的一门综合的学科"。众多学者对河流、湖泊、森林、农田、湿地等不同类型生态系统开展了广泛的生态系统健康研究,并且建立了相应的理论体系以及评价方法。

随着生态系统健康的概念被提出,河流健康的概念也随之发展而来,但是不同研究者对于河流健康的概念和内涵理解不同,尽管目前对河流健康的定义还未达成共识,但大致可分为以下两种观点。

最早的河流健康概念从生态系统角度出发,强调生态系统健康性。1972年美国《清洁水法》提出河流健康的目标是维持水体的物理、化学和生物完整性,以此表明河流的自然结构和生态功能状态良好。Karr 在 1991 年提出河流健康等同于生态系统完整性,强调了河流生态系统的结构和功能的重要性。Schofield(1996)将河流健康定义为生物完整性和生态功能未受干扰的状态,比较河流与原始自然状态的接近程度。持此观点的还有 Simpson(1999),他认为河流受人为干扰前的状态为健康状态,强调河流生态系统能够维持主要生态过程。

另一种观点认为,河流生态系统健康不应只考虑自然生态系统,还应考虑其社会功能的实现。众多学者都认可健康的河流是其自然生态完整性和社会服务功能的有机统一这一观点。澳大利亚健康河流委员会(Healthy River Commission)认为健康河流的概念是河流与环境、社会和经济的特征相

适应,并且能够支撑生态系统需求、经济发展,具有社会服务功能。Meyer
(1997)指出健康河流不仅要维持其自身生态系统的结构和功能,还要体现社
会价值,在河流健康概念中体现了河流生态系统对人类的社会服务价值。
Fairweather(1999)认为河流健康概念包含活力、生命力和功能完好,除此之
外还应包含公众对河流的环境期望。Richard(1999)强调河流健康与否的判
断必须考虑生态功能和社会服务要求。Rogers(1999)指出要实现河流健康的
管理目标必须以社会期望为基础。

经过 20 多年不断的发展和完善,生态系统健康评价已在多个国家先后开
展,取得了很好的成效,形成了比较成熟的方法和体系,为水环境保护、水质
管理和流域水资源开发利用提供了有效的技术手段和有力支持。

1.1　国外河流健康评价研究进展

西方国家关于河流健康的研究最早仅仅关注河流的水质,到了 20 世纪
80 年代,单一的水质评价已经不能满足河流管理的需要,河流健康评价的内
容也就开始注重河流的生态质量评价(曹明弟,2007)。近年来,河流健康状
况评价已在许多国家开展。20 世纪 80 年代,美国国家环境保护局(U. S.
EPA)意识到水质管理要与生态系统相结合,于 1989 年提出了快速生物监测
协议(RBPs),旨在为全国水质管理提供水生生物基础数据,又于 1999 年进行
了补充和完善,增加了着生藻类、大型无脊椎动物以及鱼类的监测标准和方
法。澳大利亚于 1992 年开展了"国家河流健康计划"来监测和评价其国内的
河流健康状况。Boon 于 1998 年提出的"英国河流保护评价系统"通过六大恢
复标准来确定河流的保护价值,目前已被广泛应用。南非于 1994 年发起的
"河流健康计划"(RHP)也是值得关注的实践之一,该计划选用河流无脊椎动
物、鱼类、河岸植被、生境完整性、水质、水文、形态等作为河流健康的评价指
标,提供了完整的河流生物监测框架。Peterson 建立了 RCE(Riparian
Channel and Environmental Inventory)指标体系,利用河道物理结构和生物

指标来评估河流生态健康。澳大利亚提出了涵盖5个方面22个指标的溪流生境指数(ISC),能够全面反映河流生态系统健康状况,并得到了很好的应用。

1.1.1　美国的流域水生态系统健康评价

河流健康的概念最早由美国提出,1972年,美国颁布了《清洁水法》,提出河流健康的目标是维持水体物理、化学和生物的完整性,以此表明河流的自然结构和生态功能状态良好,成为河流健康评价的指导原则(Karr,1999)。

美国政府为了保护水生态系统,开展了"健康流域项目"(Healthy Watersheds Program),流域水生态系统健康综合评价就是其中的重要内容之一。此项目建立在流域不同生态要素基础上,其中包括流域的景观状况、栖息地、水文、水质、地貌、生物状况和生态脆弱性等,是一个内容非常全面的综合评价体系。此外,美国政府还制定了许多相关评价体系,包括"流域生态状况评价框架""人类活动干扰对鱼类栖息地影响评价框架""具有森林服务功能的流域状况评价框架""流域恢复潜力评价框架"等,这些都为了解水生态系统健康状况提供了基础。同时,每个州也建立了各自的流域水生态系统健康评价框架,这些评价体系中都将水生生物作为重要考核内容。比如,明尼苏达州从水生生物、联通性、地理形态、水文和水质五方面建立了流域水生态系统健康评价框架;弗吉尼亚州从景观格局、栖息地、地理形态、水生生物、水源保护区等方面进行了流域水生态系统健康评价。

美国最初采用相对简单的指示生物法和单一指数法来评价河流生物状况。这些方法采用的参数不多,而且每个生物参数只对特定干扰的反应敏感,只能对一定范围的干扰有响应,并不能准确和完整地反映出整个水生态系统的健康状况,具有一定的局限性。20世纪80年代,Karr(1981)提出了由12个度量指标组成的生态完整性指数(IBI指数),包括物种丰度、营养成分、指示种类别(耐污种及非耐污种)、个体数量、生物疾病情况等指标。具体应用时采用的考量指标需要根据监测水体的实际情况进行取舍。最初IBI指数应用于鱼类,后被推广应用,现已被应用于着生藻类、浮游生物、大型底栖动物、鱼类、大型水生植物等多种生物的相关评价研究中。

20 世纪 80 年代,美国政府意识到水质管理要与生态系统相结合,同时为了统一水生生物评价标准,美国国家环境保护局(United States Environmental Protection Agency,U. S. EPA)于 1989 年提出了快速生物监测协议(Rapid Bioassessment Protocols,RBPs),用生物群落资料作为生态健康指标的框架,旨在为全国水质管理提供水生生物基础数据。又于 1990 年提出环境监测评价计划(EMAP),用于监测和评价河流和湖泊的状态和发展趋势。1999 年,U. S. EPA 对 RBPs 进行了补充和完善,增加了着生藻类、大型无脊椎动物以及鱼类的监测标准和方法。经过近 10 年的发展和完善,新版的 RBPs 给出了新的快速生物监测协议,该协议提供了溪流或可涉水河流着生藻类、大型底栖动物、鱼类的监测及评价方法(Barbour et al.,1999)。基于这个方法,U. S. EPA 组织各州在 2004—2005 年开展了"涉水溪流评价项目"(Wadeable Streams Assessment,WSA),这是第一次将此技术方法应用于实践。此后,为了对大江大河等不可涉水河流进行统一的水生生物调查与评价,U. S. EPA 于 2006 年制定了《不可涉水河流生物评价手册》(Flotemersch et al.,2006)。2008—2009 年,美国将溪流健康评价与大江大河健康评价进行了合并,统一为"国家河流与溪流评价项目"(National Rivers and Streams Assessment,NRSA)。目前已经完成了第二期的河流评价(2013—2014 年)工作。除了河流之外,美国还制定了《国家湖泊评价的野外工作手册》,并分别于 2007 年、2012 年和 2017 年开展了"全国湖泊评价"(National Lakes Assessment,NLA)工作。

1.1.2　英国及欧盟的流域水生态系统健康评价

20 世纪 70 年代初,为了解河流健康状况,英国制订了为期 4 年的"水生生物监测计划",主要针对河流中大型底栖动物开展调查与评价。从 1990 年起,英国环境署为了科学地评价水体状况,建立了包括水化学、水生生物、营养盐和美学感官等要素的评价方法体系（General Quality Assessment，GQA）。GQA 体系将水体健康状况分为 6 个等级，关注的水生生物主要是大型底栖动物。这个评价体系和 20 世纪 70 年代初开展的河流监测工作为后续基于大型底栖动物建立的 RIVPACS 模型的评价方法提供了数据基础。

　　同一时期，英国还提出了一个重要举措关注河流健康状况——"河流生境调查"（River Habitat Survey，RHS），即通过调查河流的背景信息、河道数据、沉积物特征、植被类型、河岸侵蚀、河岸带特征以及土地利用等指标，来评价河流生境的自然特征和质量，并判断河流生境现状与纯自然状态之间的差距（Raven et al.，1998）。RHS 也成为英国河流和未来栖息地评价的标准方法。RHS 调查方法是 20 世纪 90 年代由英国国家河流管理局组织的，第一版的 RHS 评价方法在 1994 年出版，后来又在 1995 年、1996 年、1997 年、2003年分别公布了 4 个版本。RHS 在 20 多年中逐渐发展和完善，不但被欧洲河流水文地貌评价技术规范编制组和欧盟 STAR 项目所采纳，同时也被 WFD作为固定评价方法之一而应用。

　　20 世纪 90 年代，英国建立的"河流保护评价系统"（System for Evaluating Rivers for Conversation，SERCON）也是值得关注的实践之一，该方法用于评价河流的生物和栖息地属性，评价河流的自然保护价值，被广泛用于英国河流健康状况评价中。SERCON 通过调查评价由 35 个属性数据构成的 6 大恢复标准（自然多样性、天然性、代表性、稀有性、物种丰富度以及特殊表征）来确定河流的保护价值（Boon et al.，1998）。SERCON 于 1998 年启动了第一期项目，随后在 2002 年吸纳了 RHS 后启动了第二期项目。该评价系统已经成为英国河流健康状况评价一个成熟的技术方法，被广泛运用于英国河流的健康评价工作中。

　　2000 年欧盟开发了健康河流评价指标，要求各成员国在 2015 年实现地表水体达到"良好化学与生态状态"。欧盟水框架指令（WFD）指出生态状况良好的河流应该从水文、化学特性和生物群落三个方面综合考量。该指标评价河流的基本原则是：①基于河流中的生物如深水大型无脊椎动物等；②河流按类型划分并与其对应的参照类型对照；③河流状况与未受干扰的原始状况对比；④分为 5 级优、良、中、差、特差；⑤生物元素应考虑其组成、丰度、无脊推动物种类多样性水平、敏感的种类与不敏感种类的比例。WFD 中规定对地表水体监测的主要目标是针对河流、湖泊、过渡性水域和沿海水域。其中，河流与湖泊是主要的淡水水体，通过测定特定生物的、水文地貌的和物理化学的质量要素条件，来反映水体的健康状况。河流生物要素以水生植物、底栖动物、鱼类为主，针对湖泊则增加了浮游植物作为评价要素；河流水文地貌要素以水文状况（流量、水流动力学）、河流连续性、形态条件（深度与宽度变化、河床结构与底质、河岸带结构）为主，湖泊水文地貌要素则以湖泊形态条件和水文状况为主；河流化学要素主要考虑热量条件、氧平衡条件、盐度、酸化状况、营养条件、特定污染物等，湖泊化学要素则增加了透明度指标。WFD规定必须监测生物质量要素条件的参数指标，综合使用多重度量指数来对水体进行生态状况分类，并规定了 5 个水体生态等级的划分标准。

1.1.3　澳大利亚的流域水生态系统健康评价

澳大利亚进行河流评价工作历时已久，初期河流评价主要借助于定性的河流状况描述和河流物理化学参数监测两种方法。澳大利亚对河流状态的评价包括水文地貌、（特别是栖息地结构、水流状态、连续性）物理化学参数、无脊椎动物和鱼类集合体、水质、生态毒理学等内容，采用了河流地貌类型、河流状态调查等多种评价方法。澳大利亚河流评价工作在许多州都有所开展，有维多利亚州、昆士兰州、新南威尔士州等，但各州的河流评价方法不尽相同。

为了建立一种全国统一的流域水生态系统健康评价方法，澳大利亚联邦政府于 1992 年开展了"国家河流健康计划"（National River Health Program，NRHP）项目，用于监测和评价澳大利亚河流的生态状况，评价现行水管理政策及实践的有效性，并为管理决策提供更全面的生态学及水文学数据（唐涛等，2002）。NRHP 项目的首要任务就是制定一套标准的河流生物调查与评价技术规范,因此 NRHP 技术咨询组提出了快速生物评价协议,而后这套生物评价方法逐渐得到优化(Norris and Morris,1995)。NRHP 项目在英国"河流无脊椎动物预测和分类系统"(River Invertebrate Prediction and Classification System,RIVPACS)方法的基础上针对澳大利亚的河流开发建立了可用于澳大利亚全国河流健康评价的"澳大利亚河流评价计划"(Australian River Assessment System,AUSRIVAS),并于 1993 年用其进行第一次全国水资源健康评价。而后利用相同的方法原理运用到鱼类和着生藻类上,发展了"河流鱼类预测与分类计划"(River Fish Prediction and Classification Scheme,RIFPACS)和"硅藻预测与分类系统"(Diatom Prediction and Classification System,DIPACS)。

澳大利亚联邦政府为了提升水体质量标准于 2005 年启动了"澳大利亚水资源项目"(Australian Water Resources,AWR),其中河流健康评价是重要的研究内容。AWR 建立了一套"全国河流与湿地健康评价体系"(Framework for Assessment of River and Wetland Health,FARWH),主要从河流物理形态、水质、水生生物、水文干扰、边缘区、流域干扰 6 个方面进行综合评价。该评价体系中所有指标都进行标准化处理,以 0 表示河流严重退化,1 表示河流未受到干扰。这一河流健康评价系统在维多利亚州和塔斯马尼亚州进行了应用示范。到 2011 年,FARWH 经历了 4 次完善,已经可以用于全国及州等不同尺度的河流健康评价工作(Senior et al.,2011),并引入了溪流状况指数(Index of Stream Condition,ISC)。

ISC 由澳大利亚自然资源和环境部提出,采用河流水文学、形态特征、河岸带状况、水质及水生生物 5 个方面的指标,综合评价河流健康状况,并对长期的河流管理和恢复中管理干预的有效性进行评价,其结果有助于了解河流健康状况,确定河流恢复的目标,评估河流恢复的有效性,并评价长期河流管理和恢复中管理干预的有效性,从而引导河流管理的可持续发展(曹明弟,2007)。

澳大利亚每个流域都开展了各自的水体健康评价工作。墨累-达令流域是澳大利亚东部一个重要的流域,墨累-达令流域管理局(Murray-Darling Basin Authority,MDBA)开展了"河流可持续性核算"(Sustainable Rivers Audit,SRA)项目。SRA 实质上是十分复杂的河流水生态系统健康评价,由独立的河流可持续性核算组(Independent Sustainable Rivers Audit Group,ISRAG)定期报告,包括墨累-达令流域的 23 条河流的生态健康状况。2008年,MDBA 完成了该流域第一轮水生态系统健康评价。这次评价是以鱼类、大型底栖动物和水文 3 个方面要素构成的综合评价(Davies et al.,2008)。2008—2010 年,MDBA 又开展了第二轮的 SRA,并在河流生态系统健康评价体系方面有所改进,形成了包括鱼类、大型底栖动物、植物、物理形态和水文五要素的综合评价体系。第二轮的 SRA 使用了 2004—2010 年收集的水生生物数据和 1998—2009 年收集的水文数据,在结果方面显示比第一轮的 SRA 更能为 MDBA 提供必要的管理支持。2011—2013 年,MDBA 又收集了更多的水生生物调查数据,其中包括雨季的数据,这为开展第三轮 SRA 提供了更多的数据,可以更好地反映河流生态系统自然变化的情况。在监测方面,MDBA 自 1978 年以来对墨累-达令河及其支流实施了长期的水体理化指标的周、月、季度监测,部分点位还开展了水生生物监测,包括大型底栖动物和浮游植物。其中,大型底栖动物每年春季和秋季各监测一次,由墨累-达令淡水研究中心负责完成并提供生态质量报告结果。

澳大利亚各州在水生态系统健康评价方面也开展了很多工作,以昆士兰州为例,除了联邦政府启动的 FARWH,昆士兰州还开展了"溪流与河口评价项目"(Stream and Estuary Assessment Program,SEAP)(1994 年)、"淡水生态系统健康监测项目"(Ecosystem Health Monitoring Program-Freshwater,EHMP)(2002 年)、"湖泊环境与生态系统健康监测项目"(The Lakes Environmental and Ecosystem Health Monitoring Program,LEEHMP)(2005 年)、"昆士兰墨累-达令区委会监测项目"(Queensland Murray-Darling Committee Community Monitoring Program,QMDCCMP)(2006 年)、"艾尔湖流域河流健康评价项目"(Lake Eyre Basin River Health Assessment,

LEBRHA)（2011年）等。SEAP所使用的评价方法较为灵活，各地区可以根据自己的情况使用不同的评价指标，也可参照利用其他项目中所使用的方法和指标。EHMP利用理化参数、营养盐、生态系统过程、大型底栖动物和鱼类建立了区域性的综合评价体系。LEEHMP针对湖泊生态系统特点使用了水质、浮游藻类、感官反应、降水与温度变化等指标，识别了自然湖泊生态系统的变化与健康状况。QMDCCMP所使用的评价体系相对简单，只包括基本水体理化指标和大型底栖动物。LEBRHA的评价体系则包括鱼类、鸟类、植物、物理生境、水质和水文等要素，在不同流域尺度上每5年和每10年分别开展一次河流健康评价。

1.1.4 南非的流域水生态系统健康评价

南非水利和森林部（Department of Water Affairs and Forest，DWAF）于1994年发起了"河流健康计划"（River Health Programme，RHP），把栖息地完整性指数（Inlex of Habitat Integrify，IHI）作为主要因素评价，包括饮水、水流调节、河床与河道的改变、岸边本地植被的去除和外来植被的侵入，此外还有河流大型底栖动物、鱼类、河岸植被、生境完整性、水质、水文、形态等河流生境状况作为河流健康的评价指标，提供了可广泛用于河流生物监测的框架。Copper于1994年针对河口地区提出了南非的河口健康指数（Estuarine Health Index，EHI），用生物健康指数、水质指数以及美学健康指数来综合评估河口健康状况（Copper，1994）。此外，南非的快速生物监测计划也发展了"生境综合评价系统"（Integrated Habitat Assessment System，IHAS），系统中涵盖了与生境相关的大型底栖动物、底泥、水化学指标及河流物理条件。

1.2 国内河流健康评价研究进展

我国对河流健康评价的研究起步较晚，20世纪90年代开始重视生态的恢复和保护，关注河流的生态健康问题。第二届黄河国际论坛的主题为"维持河流健康生命",国内自此开始重视河流健康评价。随后,长江、黄河、珠江等流域相继开展了河流健康评价工作。随着国内河流生态环境问题日益突出,对河流管理方法的需求也在不断增强,21世纪初,我国一众学者围绕河流健康的概念与内涵进行了探讨,主要关注点在于河流健康是否只考虑河流自然服务功能还是应该也将社会服务功能考虑在内,此外也对相关的概念和河流健康评价工作中的一些实际问题进行了充分讨论。对河流健康内涵的认识,最初围绕河流健康评价内容的探讨较多,主要是从河流服务功能的角度进行考虑,评价内容主要为河流对人类社会的支持功能(蔡庆华 等,2003)。

与此同时,国内在河流健康评价方法学方面开展了一定工作。董哲仁探讨了河流健康的内涵及评估原则,指出河流健康评估应包括物理-化学评估、生物栖息地评估、水文评估和生物群落评估等内容,并建议应该因地制宜的建立河流健康综合评价体系。唐涛等于2002年系统描述了河流生态系统健康评价方法。随着河流健康的概念和内涵得到较为一致的认可,河流健康评价的内容也越来越关注河流自然生态系统特征本身,如水体理化条件、河道形态、生物栖息地状况、水生生物状况、河岸带状况和植被类型等要素。随着河流健康评价内容的逐渐清晰,不同评价内容下的评价指标被不断提出并完善(叶属峰 等,2007),利用综合指标评价河流健康逐渐有所发展。

在实践方面,我国的河流健康评价初期基本是以方法学的研究为主。例如,利用大型底栖动物完整性指数评价安徽黄山地区溪流健康状况(王备新等,2006);探讨RIVPACS等预测模型方法在我国河流健康评价中的应用(张杰 等,2011);构建河流健康状况的综合评价体系(张远 等,2006)等,这些工作为国家层面推广流域水生态系统健康评价奠定了基础。为推动流域水生态系统健康评价工作在行业内和全国的推广,2007年商务部与澳大利亚国际发展署(AusAID)发起了"中澳环境发展伙伴项目"(Australia China Environ-ment Development Program,ACEDP),该项目旨在将河流健康与环境流量评估的国际方法在中国进行试验并改进使其适应中国的国情。ACEDP建立了一套包含社会服务功能和河流生态环境的健康评价指标体系,其中河流生态环境由水生生物、水文、水质、物理形态 4 个要素构成,并在黄河、珠江和辽河 3 个流域进行试点研究。2010 年水利部启动"全国河湖健康评估计划"(National River and Lake Health Program,NRLHP),建立了统一、全面的河湖健康评价指标体系。该评价体系从生态完整性和社会服务功能完整性两方面综合考虑,其中生态完整性包括化学、水文、物理和生物 4 个完整性内容。该套评价指标体系建议河流、湖泊、水库等不同类型水体使用不同指标。NRLHP 通过 2010—2012 年和 2013—2015 年分别在全国重要流域开展两期试点工作,在 2016 年以后实现在全国推行定期评估制度。此外,财政部和环境保护总局于 2007 年联合开展我国湖泊生态环境保护专项工作,构建了"驱动力-压力-状态-影响-风险"的生态安全综合评估体系(金相灿等,2012),经过几年的实施,获得了许多湖泊的生态保护与治理经验。2014年,财政部又会同环境保护部、水利部开展国土江河综合整治试点工作,强调要加强流域江河湖库资源与环境现状调查、开展生态安全评估工作。2008年,国家启动了水体污染控制与治理科技重大专项,计划在 2008—2020 年,分3 个阶段投资 300 多亿元开展我国水体污染控制技术和水污染防治管理技术的研究。其中"十一五"阶段和"十二五"阶段设置了"流域水生态功能分区与质量目标管理技术""流域水生态承载力调控与污染减排管理技术"两个项目,其中在辽河、松花江、海河、淮河、东江、黑河、太湖、巢湖、滇池、洱海十大流域开始了水生态长期观测,在借鉴 ACEDP 研究成果的基础上,开展了十大流域的水生态系统健康评估工作,这是我国首次大范围的流域水生态系统健康评估工作。

总体而言,我国的河流健康评价研究相对滞后,在河流健康理论和评价体系方面取得了一定进展,但研究水平与国外相比仍有较大差距。相比于国外,国内的研究更加注重于人水关系,如注重平衡利益冲突、满足人类社会需求等方面。另外,河流健康评价主要借助于化学手段和少量的生物监测评价河流水质情况,从生态系统健康的角度认识河流健康需要进一步深入。此外,研究案例仍非常匮乏,现有的研究多以单条河流为主,缺乏流域、水系、河流不同空间尺度上的探讨,尚未形成完善的理论框架和方法体系,且缺乏体现我国区域分异特点并具实际指导意义的评价指标与实践案例。

2020 年 6 月水利部发布了行业标准《河湖健康评估技术导则》(以下简称《导则》)(SL/T 793—2020),并于同年 9 月开始实施。《导则》中明确了河湖健康评估工作的一系列程序,对推荐使用的评估指标都给出了详细的调查和评估方法,并给出了分级标准和赋分标准。《导则》对河湖健康给出的定义是,河湖生态状况良好,且具有可持续的社会服务功能。河湖生态状况包括河湖物理、化学和生物状况,用完整性表述良好状况;可持续的社会服务功能是指河湖在具有良好的生态状况基础上,具有可持续为人类社会提供服务的能力。此《导则》系统地介绍了河湖健康评估的准则和方法,可操作性强,对水利行业河湖健康评估工作具有很好的指导意义。

吴阿娜借鉴了澳大利亚的溪流状况指数法(ISC),从河流水文、河流形态、河岸带状况、水质、河流生物五个方面,针对上海平原河网区建立了河流健康评价体系。赵彦伟和杨志峰采用河流生态系统健康理论研究城市河流健康问题,提出了包含水量、水质、水生生物、物理结构与河岸带 5 大要素的指标体系并对宁波市多条河流进行了评价。邓晓军等建立基于层次分析法的模糊综合评价模型对漓江市区段河流进行了健康评价,讨论了影响河流健康的主要因素,并得出了自然生态、社会经济和景观环境三个子系统的健康状态分别为中、优和良的结论。李卫明等研究了雅砻江下游河段梯级开发前后不同水期条件下的健康变化情况,指出梯级开发对河流的物理结构和生物完整性产生较大影响。钟华平等对澜沧江修建的 8 个梯级水库研究发现上游河流泥沙大部分被拦截在水库中,改变了河流的径流过程,对下游河道的形态结果产生较大的影响。买占等于 2017 年 11 月至 2018 年 8 月对汉江中下游 8 个断面的浮游植物群落结构进行了季节性调查,并用单因素方差分析检验不同断面和季节浮游植物生物量、密度及各多样性指数间的差异。结果表明,浮游植物优势种中有 6 种为 α-中污染或 β-中污染种类,指示汉江中下游水质状况为中污染。指出适合生长在富营养水体中的类群在汉江中下游广泛分布,推测与大量坝闸的存在造成半连续体水体环境有关。

1.2.1　长江流域

1.2.1.1　流域基本概况

长江流域,是指长江干流和支流流经的广大区域,横跨中国东部、中部和西部三大经济区,共计 19 个省、市、自治区,是世界第三大流域,流域总面积 180 万 km²,约占中国国土面积的 18.8%,流域内有丰富的自然资源。

长江全长约 6 300 km,长江干流宜昌以上为上游,长 4 504 km,流域面积 100 万 km²,其中直门达至宜宾称金沙江流域,长 3 464 km。宜宾至宜昌河段称川江,长 1 040 km。宜昌至湖口为中游,长 955 km,流域面积 68 万 km²。湖口至长江入海口为下游,长 938 km,流域面积 12 万 km²。

长江是亚洲和中国的第一大河,世界第三大河。发源于青海省唐古拉山,最终在上海市崇明岛附近汇入东海。

长江的干流,自西而东横贯中国中部,经青海、西藏、四川、云南、重庆、湖北、湖南、江西、安徽、江苏、上海 11 个省(自治区、直辖市),数百条支流延伸至贵州、甘肃、陕西、河南、广西、广东、浙江、福建 8 个省、自治区的部分地区,总计 19 个省级行政区。流域面积达 180 万 km²,约占中国陆地总面积的 1/5。淮河大部分水量也通过京杭大运河汇入长江。

长江流域北以巴颜喀拉山、西倾山、岷山、秦岭、伏牛山、桐柏山、大别山、淮阳丘陵等与黄河和淮河流域为界,南以横断山脉的云岭、大理鸡足山、滇中东两向山岭、乌蒙山、苗岭、南岭等与澜沧江、元江(红河)和珠江流域为界,东南以武夷山、石耳山、黄山、天目山等与闽浙水系为界。长江源头地区的北部以昆仑山与柴达木盆地内陆水系为界,西部以可可西里山、乌兰乌拉山、祖尔肯乌拉山、尕恰迪如岗雪山群与藏北羌塘内陆水系为界。长江三角洲北部,地形平坦,水网密布,与淮河流域难以分界,通常以通扬运河附近的江都至栟茶公路为界;长江三角洲南部以杭嘉湖平原南侧丘陵与钱塘江流域为界。

长江流域呈多级阶梯性地形。流经山地、高原、盆地(支流)、丘陵和平原等,青藏高原、横断山脉、云贵高原、四川盆地、江南丘陵、长江中下游平原。

长江流域气温是在太阳辐射能量、东亚大气环流、青藏高原和北太平洋大地形以及各地区不同的地形条件影响下形成的。长江流域的年平均气温呈东高西低、南高北低的分布趋势,中下游地区高于上游地区,江南高于江北,江源地区是全流域气温最低的地区。由于地形的差别,在以上总分布趋势下,形成四川盆地、云贵高原和金沙江谷地等封闭式的高低温中心区。中下游大部分地区年平均气温在16～18 ℃之间。湘、赣南部至南岭以北地区达18 ℃以上,为全流域年平均气温最高的地区;长江三角洲和汉江中下游在16 ℃附近;汉江上游地区为14 ℃左右;四川盆地为闭合高温中心区,大部分地区在16～18 ℃之间;重庆至万县地区达18 ℃以上;云贵高原地区西部高温中心达20 ℃左右,东部低温中心在12 ℃以下,冷暖差别极大;金沙江地区高温中心在巴塘附近,年平均气温达12 ℃,低温中心在理塘至稻城之间,平均气温仅4 ℃左右;江源地区气温极低,年平均气温在-4 ℃上下,呈北低南高分布。长江流域最热月为7月,最冷月为1月,4月和10月是冷暖变化的中间月份。

长江流域平均年降水量1 067 mm,由于地域辽阔,地形复杂,季风气候十分典型,年降水量和暴雨的时空分布很不均匀。江源地区年降水量小于400 mm,属于干旱带;流域内大部分地区在800～1 600 mm,属湿润带。年降水量大于1 600 mm的特别湿润带,主要位于四川盆地西部和东部边缘、江西和湖南、湖北部分地区。年降水量在400～800 mm的半湿润带,主要位于川西高原、青海、甘肃部分地区及汉江中游北部。年降水量达2 000 mm以上的多雨区都分布在山区,范围较小,其中四川荥经的金山站年降水量达2 590 mm,为全流域之冠。

长江流域降水量的年内分配很不均匀。冬季(12—1月)降水量为全年最少。春季(3—5月)降水量逐月增加。6—7月,长江中下游月降水量超过200 mm。

长江径流主要由降水补给,降水超过一半被蒸发,因此,蒸发量是长江流域水量平衡的重要要素之一。流域平均年水面蒸发量为 922 mm,流域平均年陆面蒸发量为 541 mm,占平均年降水量 1 067 mm 的 51%,平均干旱指数为0.86。

长江流域水面蒸发量无较明显的地区分布规律。总的来说,流域西部的金沙江及流域东部的汉江唐白河、赣江流域、长江三角洲大于其他地区,水面蒸发量在 1 000 mm 以上;在云南元谋地区有一个小范围大于 2 000 mm 的高值区,是长江流域水面蒸发最大的地区。全流域小于 700 mm 的地区不多,主要分布在四川盆地西部边缘,湘西、鄂西南地区、乌江中部及资水上游,如乌江金佛山为 465 mm,峨眉山为 564 mm。长江流域其他地区水面蒸发量在700~1 000 mm。

长江流域水面蒸发的年际变化较小。年内分配由于各地高程、地理位置及所受气象因素的影响不完全相同,一般以夏季最大,冬季最小。上游地区春季大于秋季,中游地区秋季大于春季,下游地区春、秋季相差不大。

长江是中国水量最丰富的河流,水资源总量 9 755 亿 m³,约占全国河流径流总量的 36%,为黄河的 20 倍。在全世界仅次于赤道雨林地带的亚马孙河和刚果河(扎伊尔河),居第三位。与长江流域所处纬度带相似的南美洲拉普拉塔河-巴拉那河和北美洲的密西西比河,流域面积虽然都超过长江,水量却远比长江少,前者约为长江的 70%,后者约为长江的 60%。长江因其资源丰富,支流和湖泊众多,它横贯哺育着华夏的南国大地,形成了中国承东启西的现代重要经济纽带。

1.2.1.2　研究进展

在改革开放的几十年间,对长江生态环境资源的过度开发和掠夺,以水生态系统功能性退化、水质严重污染、水资源安全风险严峻等为主的长江生态环境问题日益凸显(赵鑫涯,2020)。一直以来,长江水污染问题严重却未能得到有效的控制,水生态也受到极大的干扰,长江服务功能下降,健康受到挑战。维护健康长江,促进人水和谐,不仅关系到治江事业的可持续发展,也关系到我国构建和谐社会、维持经济社会环境的可持续发展(张立,2007)。

新时期下，面对长江经济带的转型发展与生态环境保护形势，2016 年 1 月习近平总书记在视察长江时提出"共抓大保护，不搞大开发"，明确了长江经济带经济开发与环境保护的原则性问题，"长江大保护"的概念初步形成。2017 年 7 月生态环境保护部等三部委联合印发《长江经济带生态环境保护规划》（环规财〔2017〕88 号），规划确立了长江空间管控、分区施策的基本原则，要求长江上中下游制定差别化的保护策略与管理措施，实施精准治理。该项规划的推出成为长江经济带第一个生态环境保护专项性的规划。2017 年 10 月党的十九大报告中正式将"共抓大保护、不搞大开发"作为长江经济带发展的重要导向以及新历史起点上推动长江经济带发展的总要求和根本遵循。2018 年 12 月，生态环境保护部、国家发展改革委发布《长江保护修复攻坚战行动计划》（环水体〔2018〕181 号），从生态管控、排口整治、工业污染、农业面源、航运污染、饮水安全、水资源协调、生态修复八个层面提出行动措施和目标，旨在共同构建和谐、健康、清洁、安全、优美长江。

长江水利委员会将"维护健康长江，促进人水和谐"作为新时期治江任务的基本宗旨，指出了长江健康的 3 个方面的标准：水资源健康、生态健康和社会功能健康。健康长江的定义为：具有足够的、优质的水量供给；受到污染物质和泥沙输入以及外界干扰破坏，河流生态系统能够自行恢复并维持良好的生态环境；水体的各种功能发挥正常，能够可持续地满足人类需求，不致对人类健康和经济社会发展的安全构成威胁或损害（吴道喜 等，2007）。长江水利委员会提出了由总体层、系统层、状态层、要素层组成的指标体系，共 14 个评价指标（吴道喜 等，2007），其中的水系连通性指标是独具特色的指标，也是健康长江评价的重要内容。在长江水利委员会编写的《维护健康长江，促进人水和谐研究报告》中，水系连通性被定义为：河道干支流、湖泊及其他湿地等水系的连通情况，反映水流的连续性和水系的连通状况（长江水利委员会）。

张立以实现健康长江为目标，从水资源、水环境、水生态、水景观等方面，结合多年的长江治理、开发和保护工作在防洪、水资源开发利用和水生态环境保护中积累的系列资料,研究健康长江指标体系的基本构成,对一些传统的指标进行了优化,对新的领域增加对应的指标。在调查监测的基础上,建立了健康长江综合指标体系,包括河流水质、河流生态、形态结构、河道的水文特征以及河岸带水文状况五个方面,并应用此指标体系对长江城市江段、非城市江段和三峡库区江段进行了综合评价。得到的结果为,武汉江段和江西彭泽江段的健康状况为亚健康,三峡万州江段健康状况为健康,长江整体水域的健康状况为亚健康。邹曦通过借鉴美国的定性栖息地评估指数(QHEI)快速生物评估草案(RBP),建立了长江干流河流生境评价的指标体系。对长江干流金沙江下游、三峡库区以及长江中下游 3 个区域,共计 127个调查断面进行河流生境综合评估。从 3 个区域的河流生境综合指数分值来看,整体生境评价等级均为"良",金沙江下游略高,三峡库区略低,表明长江干流整体生境状况良好。指出水流情势、受人类活动干扰是金沙江下游生境变化的主要驱动因子,河岸渠化硬化、河岸植被覆盖、河岸植被带宽则是三峡库区和长江中下游生境变化的主要驱动因子。

1.2.2　黄河流域

1.2.2.1　流域基本概况

黄河,中国古代称大河,发源于中国青海省巴颜喀拉山脉,流经青海、四川、甘肃、宁夏、内蒙古、陕西、山西、河南、山东 9 个省(自治区),最后于山东省东营市垦利区注入渤海。黄河是世界第五大长河,中国的第二长河,仅次于长江,干流全长 5 464 km,落差 4 480 m。黄河流域位于东经 96°～119°、北纬 32°～42°之间,东西长约 1 900 km,南北宽约 1 100 km。黄河流域面积 79.5 万 km²(包括内流区面积 4.2 万 km²),从西到东横跨青藏高原、内蒙古高原、黄土高原和黄淮海平原四个地貌单元。黄河流域的地势西高东低,西部河源地区平均海拔在 4 000 m 以上,由一系列高山组成,常年积雪,冰川地貌发育;中部地区海拔在 1 000～2 000 m 之间,为黄土地貌,水土流失严重;东部主要由黄河冲积平原组成。

上游:河源至贵德,两岸多系山岭及草地高原,海拔均在 3 000 m 以上,高峰可超过 4 000 m,河道呈"S"形,河源段 400 km 内河道曲折,两岸多湖泊、草地、沼泽,河水清水流稳定,水分消耗少,产水量大,多湖泊,最大湖泊星宿海、鄂陵湖,气候为高原寒冷,鱼类系中亚高原区系,种类少,资源丰富。鱼类资源长期未被开发利用。

中游:贵德至孟津,多经高山峡谷,水流迅急,坡降大,贵德到刘家峡山谷极为深削,河宽 50～70 m,最狭处不到 15 m,谷深 100～500 m,水流湍急,狭窄崖陡,蕴藏丰富的水力资源,在峡谷上修建了大型水库,黄河出青铜峡后进入河套地区,形成大片冲积平原,水流平缓,鲤鲫、鲶鱼类资源较丰富。黄河中游河段流经黄土高原地区,支流带入大量泥沙,使黄河成为世界上含沙量最多的河流。最大年输沙量达 39.1 亿 t(1933 年),最高含沙量 920 kg/m³ (1977 年)。三门峡站多年平均输沙量约 16 亿 t,平均含沙量 35 kg/m³。

下游:河南郑州桃花峪以下的黄河河段。该段河长 786 km,流域面积仅 2.3 万 km²,占全流域面积的 3%;下游河段总落差 93.6 m,平均比降 0.12‰;区间增加的水量占黄河水量的 3.5%。由于黄河泥沙量大,每年平均净造陆地 25 至 30 km²。下游河段长期淤积形成举世闻名的"地上悬河",黄河约束在大堤内成为海河流域与淮河流域的分水岭。除大汶河由东平湖汇入外,本河段无较大支流汇入。

黄河主要支流有白河、黑河、湟水、祖厉河、清水河、大黑河、窟野河、无定河、汾河、渭河、洛河、沁河、大汶河等。主要湖泊有扎陵湖、鄂陵湖、乌梁素海、东平湖。黄河干流上的峡谷共有 30 处,位于上游河段的 28 处,位于中游段流的 2 处,下游河段流经华北平原,没有峡谷分布。干流峡谷段累计长 1 707 km,占干流全长的 31.2%。

黄河的孕育、诞生、发展受制于地史期内的地质作用,以地壳变动产生的构造运动为外营力,以水文地理条件下本身产生的侵蚀、搬运、堆积为内营力。在成河的历史过程中,运动不息,与时俱进。黄土高原的水土流失与黄河下游的泥沙堆积在史前地质时期就在进行,史后受人类活动的影响与日俱增。据地质学家的研究,黄河约有 150 万年孕育发展的历史,先后经历过若干独立的内陆湖盆水系的孕育期和各湖盆水系逐渐贯通的成长期,最后形成为一统的海洋水系。

黄河流域幅员辽阔,山脉众多,东西高差悬殊,各区地貌差异也很大。又由于流域处于中纬度地带,受大气环流和季风环流影响的情况比较复杂,因此流域内不同地区气候的差异显著。我国黄河中下游地区的降水主要集中在夏季,表现为"雨热同期"的气候特征。光照充足、高温、降水丰沛的雨热同期是我国黄河中下游地区优越的气候条件,适宜农作物生长。早在上古时代,在此就诞生了农耕文明,是我国最早进入农耕文明的区域。按照中央气象局对全国的气候区划,黄河流域主要属于南温带、中温带和高原气候区。黄河流域的气候有以下主要特征:①光照充足,太阳辐射较强;②季节差别大、温差悬殊;③降水集中,分布不均、年际变化大;④湿度小、蒸发大;⑤冰雹多,沙暴、扬沙多;⑥无霜期短。

据 1990 年资料统计,黄河流域人口 9 781 万人,占全国总人口的 8.6%。耕地面积 1.79 亿亩①,占全国的 12.5%。历史上黄河流域工业基础薄弱,自 1949 年以来有了很大的发展,建立了一批能源工业、基础工业基地和新兴城市,为进一步发展流域经济奠定了基础。能源工业包括煤炭、电力、石油和天然气等,原煤产量占全国产量的一半数以上,石油产量约占全国的 1/4,已成为区内最大的工业部门。铅、锌、铝、铜、铂、钨、金等有色金属冶炼工业,以及稀土工业有较大优势。全国八个规模巨大的炼铝厂,黄河流域就占四个。黄河流域土地、水能、煤炭、石油、天然气、矿产等资源丰富,在全国占有重要的地位,发展潜力很大。流域内现状有耕地 1.79 亿亩,林地 1.53 亿亩,牧草地 4.19 亿亩。宜于开垦的荒地约 3 000 万亩。黄河流域上游地区的水能资源、中游地区的煤炭资源、下游地区的石油和天然气资源,都十分丰富,在全国占有极其重要的地位,被誉为中国的"能源流域"。例如,位于河口的胜利油田,

---

① 1 亩≈0.000 67 km²

为中国的第二大油田。黄河流域矿产资源丰富,1990 年探明的矿产有 114 种,在全国已探明的 45 种主要矿产中,黄河流域有 37 种。其中具有全国性优势(储量占全国总储量的 32% 以上)的有稀土、石膏、玻璃硅质原料、煤、铝土矿、铝、耐火黏土。

黄河流域是中华民族文明的发祥地,半坡氏族是中国黄河流域氏族公社的典型代表。黄河流域是中国大地最早进入农耕文明的区域,农耕文明的发源地。黄河流域很早就是中国农业经济开发地区。上游的宁蒙河套平原、中游汾渭盆地以及下游引黄灌区都是主要的农业生产基地之一。黄河上中游地区仍比较贫困,加快这一地区的开发建设,尽快脱贫致富,对改善生态环境,实现经济重心由东部向中西部转移的战略部署具有重大意义。2019 年 9 月习近平总书记在河南郑州主持召开黄河流域生态保护和高质量发展座谈会并发表重要讲话,着眼全国发展大局,明确指出黄河流域在我国经济社会发展和生态安全方面具有十分重要的地位,深刻阐明黄河流域生态保护和高质量发展的重大意义,作出了加强黄河治理保护、推动黄河流域高质量发展的重大部署。

1.2.2.2 研究进展

为了利用水资源和避免洪涝灾害,人类对河流不断进行开发利用。1949 年后来,为了开发黄河水资源和根治黄河水害,在黄河上大兴水利工程,目前已兴建大小水库 2 600 多座,黄河下游堤防不断加固抬高,形成举世闻名的"地上悬河"。黄河的开发整治带来了生产的发展和流域经济的繁荣,然而人为的干扰带来诸多生态环境问题,如枯水年份下游生态断流,对河口的农业生产和生态带来不良影响;入海水量的减少导致河流输沙能力的下降;黄河下游河槽淤积更加严重;生物栖息地消失;河流水质的恶化等(张文鸽,2008)。

新时期的国家发展目标向黄河的社会服务功能和自然功能都提出了更高的要求。第二届黄河国际论坛提出中国河流流域管理机构的首要任务是"维护河流的健康生命"。2011—2012 年,黄河水利委员会在全国范围内首次开展了高度人工化河流的健康评估,取得了重要成果。评估结果表明,黄河下游河段总体健康状况为亚健康(彭勃 等,2014)。刘晓燕等(2006)将黄河健康的标志概括为:具有连续的河川径流,具有安全的水沙通道,具有良好的水质,水量满足人类经济社会和河流生态系统可持续发展的需求。赵彦伟指出黄河的健康有两方面内容:一方面要求黄河具备一定程度的自我维持与更新能力,另一方面要求黄河为流域社会经济系统提供稳定的生态服务。健康的黄河河流生态系统应将黄河退化现状、流域发展需求与黄河自身存在需求有效地统一起来,并且提出健康黄河表征指标体系应涵盖水质、水量、水生生物、河岸带与物理结构 5 个方面,并兼顾各河段健康的特征指示指标。彭勃等根据黄河下游健康评估指标体系构建原则,在全国重要河湖健康评估指标框架体系下,结合黄河下游的实际情况进行了优化调整,从水文水资源、物理结构、水质状况、生物及栖息地状况和社会服务功能 5 个层面选择了 15 个评价指标,形成黄河下游河流健康评估指标体系。

1.2.3　珠江流域

1.2.3.1　流域基本概况

珠江由西江、北江、东江、珠江三角洲诸河组成,其中西江最长,通常被称为珠江的主干。流域面积 45.37 万 km^2,其中中国境内流域面积 44.21 万 km^2。珠江流域覆盖滇、黔、桂、粤、湘、赣等省区、港澳地区及越南社会主义共和国的东北部,流域面积 453 690 km^2,其中我国境内面积 442 100 km^2,多年平均水资源总量 5 201 亿 m^3,占全国的 18.3%,居全国第二。

珠江流域北靠南岭,南临南海,西部为云贵高原,中部丘陵、盆地相间,东南部为三角洲冲积平原,地势西北高,东南低。全流域土地资源共 66 300 万亩,其中耕地 7 200 万亩,林地 18 900 万亩,耕地率低于全国平均水平,流域人均拥有土地仅有 9.31 亩,约为全国人均拥有土地的五分之三。珠江流域地处亚热带,北回归线横贯流域的中部,气候温和多雨,多年平均温度在 14~22 ℃之间,多年平均降雨量 1 200~2 200 mm,降雨量分布明显呈由东向西逐步减少,降雨年内分配不均,地区分布差异和年际变化大。

珠江年均河川径流总量为 5 697 亿 m^3，其中西江 2 380 亿 m^3，北江 1 394 亿 m^3，东江 1 238 亿 m^3，三角洲 785 亿 m^3。径流年内分配极不均匀，汛期 4—9 月约占年径流总量的 80%，6、7、8 三个月则占年径流量的 50% 以上。珠江水资源丰富，全流域人均水资源量为 4 700 m^3，相当于全国人均的 1.7 倍，但年际变化大，时空分布不均匀，致使流域洪、涝、旱、咸等自然灾害频繁。珠江流域洪水特征是峰高、量大、历时长。造成流域洪水的主要天气系统主要是锋面或静止锋、西南槽，其次是热带低压和台风，每年的暴雨洪水多出现在 6、7、8 月。

珠江流域枯水期一般为 11 月至下年 3 月，枯水径流多年平均值为 803 亿 m^3，仅占全流域年径流量的 24% 左右。珠江属少沙河流，多年平均含沙量为 0.249 kg/m^3，年平均含沙量 8 872 万 t。据统计分析，每年约有 20% 的泥沙淤积于珠江三角洲网河区，其余 80% 的泥沙分由八大口门输出到南海。珠江口门的潮汐属不规则的半日周潮。珠江口为弱潮河口，潮差较小，平均潮差为 0.86～1.6 m，最大潮差为 2.29～3.36 m。八大口门涨潮总量多年平均为 3 762 亿 m^3，落潮多年平均值为 7 022 亿 m^3，净减量为 3 260 亿 m^3。

珠江流域是一个复合的流域，由西江、北江、东江及珠江三角洲诸河等 4 个水系所组成。西江、北江两江在广东省佛山市三水区思贤滘，东江在广东省东莞市石龙镇汇入珠江三角洲，经虎门、蕉门、洪奇门、横门、磨刀门、鸡啼门、虎跳门及崖门等八大口门汇入南海。主干流西江发源于云南省曲靖市沾益区境内的马雄山，在广东省珠海市的磨刀门企人石入注南海，全长 2 214 km。西江由南盘江、红水河、黔江、浔江及西江等河段所组成，主要支流有北盘江、柳江、郁江、桂江（漓江）及贺江等。思贤滘以上河长 2 075 km，流域面积 353 120 km^2，占珠江流域面积的 77.8%。北江发源于江西省信丰县大茅塬，思贤滘以上河长 468 km，流域面积 46 710 km^2，占珠江流域面积的 10.3%，是珠江流域第二大水系。主要支流有武江、滃江、连江、绥江等。东江发源于江西省寻乌县桠髻钵，石龙以上河长 520 km，流域面积 27 040 km^2，占珠江流域面积的 5.96%。主要支流有新丰江、西枝江等。珠江三角洲面积 26 820 km^2，河网密布,水道纵横。入注珠江三角洲的主要河流有流溪河、潭江、深圳河等十多条。

珠江流域内有滇、黔、桂、粤、湘、赣等六省区及港澳地区共 63 个地(州)、市。据 1993 年资料统计,珠江流域总人口 8 766 万人(未计入香港、澳门地区),平均人口密度为每平方公里 191 人。人口结构中农村人口约占 69%,城市人口占 31%。人口分布极不均匀,其中珠江三角洲约占 22.6%。流域内民族众多,共有 50 多个民族。主要民族有汉族、壮族、苗族、瑶族、布依族、毛南族等,其中以汉族为最多,其次是壮族。

珠江是中国七大江河之一。流域内各河流水量充沛,河道稳定,具有良好的航运条件,现有通航河道 1 088 条,通航总里程 14 156 km,约占全国通航里程的 13%,年货运量仅次于长江而居第二位。珠江流域自然条件优越,资源丰富。据 1993 年统计,流域工农业总产值 5 365.56 亿元,其中工业总产值为 4 556.67 亿元,农业总产值为 808.89 亿元。珠江流域所属地区贫富差距大,而欠发达地区所占面积达 90% 以上。珠江河川径流丰沛,水力资源丰富,全流域可开发的水电装机容量约为 2 512 万 kW,年发电量可达 1 168 亿 kW·h。其中西江的红水河落差集中,流量大,开发条件优越,素称水力资源的"富矿"。已开发利用的尚少,亟待加快开发。珠江流域矿产资源较为丰富,已探明矿种计有 58 种,储量亿吨以上的有 25 种,主要有煤、锡、锰、钨、铝、磷等。另珠江口外南海蕴藏有丰富的石油和天然气,现正在进行勘探开发。

1.2.3.2 研究进展

2005 年,珠江水利委员会提出了"维护河流健康,建设绿色珠江"的目标,并对防洪减灾、水资源保障、水生态和水管理四大体系进行了深入的研究和工作。林木隆等从自然属性和社会属性两个角度分析了珠江流域河流健康状况,并定义了河流形态结构、水环境状况、河流水生物、服务功能、监测水平等五大类 20 个指标及计算方法,为后续开展珠江健康评价工作奠定了基础(林木隆 等,2006)。金占伟等按照科学性、系统性、层次性、代表性和独立性、定量与定性相结合以及实用性原则,拟定健康珠江评价指标体系,该体系由总体层、系统层、状态层和指标层 4 层结构组成,包含河流形态、生态功能、社会服务和社会影响 4 个方面,通过定量或定性指标直接反映珠江的健康状况。包括河流形态稳定性、河流廊道连续性、生态用水保障程度等 14 个具体指标。

针对珠江的健康问题,根据流域经济可持续发展和建立和谐社会的要求,孙治仁认为维护珠江健康要建设五大体系。具体内容为:第一,完善洪水管理和水资源配置工程体系,工程措施是维护河流健康的基本手段,离开了工程手段维护河流健康就成无本之末,无源之水。要实现"安澜珠江、绿色珠江",必须完善东、北江防洪工程体系,加紧构筑西北江中下游、郁江中下游、柳江中下游防洪工程体系,着力推进大藤峡水利枢纽等工程开工建设,联合调度龙滩水电站,建立起完善的流域工程兴利体系。第二,构筑水资源管理政策保障体系,制定流域洪水防治和水资源管理法规,建立应急调水管理办法,落实供水、生态补水、咸潮补水和排污的统一管理行政机制。第三,健全水安全监控体系,完善全流域水文监测和水质监测体系,构建流域水土流失监测和水工程安全监测体系。第四,建立水资源和洪水管理服务体系,建立流域水利信息传输系统,实现流域信息互通和信息共享,完善流域防洪决策支持系统,新建水资源调度管理决策支持系统,构筑水资源和洪水管理服务平台。第五,构建珠江健康评价体系,从水质、水量、泥沙、河床等方面提出珠江健康指标,明确珠江边界河段水量分配方案,各河段的污染排放、泥沙含量、河道采砂、生态需水、引用供水、航运需水等控制指标(孙治仁 等,2005)。

1.2.4 淮河流域

1.2.4.1 流域基本概况

淮河流域地处我国华中河南与华东地区苏皖,介于长江和黄河两流域之间,位于东经 111°55′～121°20′,北纬 30°55′～36°20′之间,西起桐柏山、伏牛山,东临黄海,南以大别山、江淮丘陵、通扬运河和如泰运河南堤与长江流域分界,北以黄河南堤和沂蒙山脉与黄河流域毗邻,流域面积 27 万 km²。淮河发源于河南省桐柏山区,由西向东,流经河南、安徽、江苏三省,干流在江苏扬州三江营入长江,全长约 1 000 km。淮河下游主要有入江水道、入海水道、苏北灌溉总渠和分淮入沂四条出路。沂沭泗河水系位于淮河东北部,由沂河、沭河、泗河组成,均发源于沂蒙山区,主要流经山东、江苏两省,经新沭河、新沂河东流入海,有潢河、白露河、史灌河、东淝河、池河、洪河、颍河等重要支流。

　　淮河流域在我国经济和社会发展中占有极其重要的地位。淮河流域人口密集,土地肥沃,资源丰富,交通便利,是我国重要的粮食生产基地、能源矿产基地和制造业基地,也是国家实施鼓励东部率先、促进中部崛起战略的重要区域,在我国经济社会发展全局中占有十分重要的地位。流域跨河南、安徽、江苏、山东四省 40 个地(市)、181 个县(市),人口 1.65 亿(2003 年数据)。流域耕地面积约 1.9 亿亩,约占全国耕地面积 12%,粮食产量约占全国总产量的 1/6,提供的商品粮约占全国的 1/4,在国家粮食安全体系中具有举足轻重的作用。流域内矿产资源丰富,种类有 50 余种,其中煤炭探明储量 700 亿 t,火电装机达 5 000 万 kW,是华东地区主要的煤电供应基地。流域交通枢纽地位突出,京沪、京九、京广三条铁路干线纵贯南北,陇海及新(乡)石(臼)、宁西铁路横跨东西,高速公路四通八达,主要航道有京杭大运河和淮河,大型海港有连云港、日照港,航空港有郑州、徐州、临沂、阜阳等。

　　淮河流域西部、西南部及东北部为山区、丘陵区,其余为广阔的平原。山丘区面积约占总面积的三分之一,平原面积约占总面积的三分之二。流域西部的伏牛山、桐柏山区,一般高程 200～500 m,沙颍河上游石人山高达 2 153 m,为全流域的最高峰;南部大别山区高程在 300～1 774 m;东北部沂蒙山区高程在 200～1 155 m。丘陵区主要分布在山区的延伸部分,西部高程一般为 100～200 m,南部高程为 50～100 m,东北部高程一般在 100 m 左右。淮河干流以北为广大冲、洪积平原,地面自西北向东南倾斜,高程一般 15～50 m;淮河下游苏北平原高程为 2～10 m;南四湖湖西为黄泛平原,高程为 30～50 m。流域内除山区、丘陵和平原外,还有为数众多、星罗棋布的湖泊、洼地。

　　淮河流域地处中国南北气候过渡带,淮河以北属暖温带区,淮河以南属北亚热带区,气候温和,年平均气温为 11～16 ℃。气温变化由北向南,由沿海向内陆递增。极端最高气温达 44.5 ℃,极端最低气温达－24.1 ℃。蒸发量南小北大,年平均水面蒸发量为 900～1 500 mm,无霜期 200～240 d。

自古以来,淮河就是中国南北方的自然分界线。淮河和秦岭(伏牛山脉)一起构成了中国的地理分界线,以北为北方,以南为南方。1 月 0 摄氏度等温线和 800 mm 等降水线大致沿淮河和秦岭一线分布。淮河流域多年平均降水量约为 920 mm,其分布状况大致是由南向北递减,山区多于平原,沿海大于内陆。淮河流域地处中国南北气候过渡带,属暖温带半湿润季风气候区。其特点是:冬春干旱少雨,夏秋闷热多雨,冷暖和旱涝转变急剧。年平均气温在 11～16 ℃,由北向南,由沿海向内陆递增,在 7 月份最高月平均气温 25 ℃左右;1 月份最低月平均气温在 0 ℃左右。

淮河流域包括河南、湖北、安徽、山东、江苏五省 40 个地(市),181 个县(市),总人口为 1.65 亿人,平均人口密度为 611 人/平方千米,是全国平均人口密度 122 人/平方千米的 4.8 倍,居各大江大河流域人口密度之首。淮河流域耕地面积 1 333 万 hm²,主要作物有小麦、水稻、玉米、薯类、大豆、棉花和油菜,1997 年粮食产量为 8 496 万 t,占全国粮食总产量的 17.3%。农业产值为 3 880 亿元,人均农业产值为 2 433 元,高于全国同期人均值。淮河流域在中国农业生产中已占有举足轻重的地位。淮河流域工业以煤炭、电力工业及农副产品为原料的食品、轻纺工业为主。近十多年来,煤化工、建材、电力、机械制造等轻重工业也有了较大发展,郑州、徐州、连云港、淮南、蚌埠、济宁等一批大中型工业城市已经崛起。淮河流域 1997 年工业总产值 9 664 亿元,国内生产总值 7 031 亿元,人均国内生产总值仅 4 383 元,低于全国平均值,尚属经济欠发达地区。

淮河流域交通发达。京沪、京九、京广三条南北铁路大动脉从本流域东、中、西部通过;著名的欧亚大陆桥-陇海铁路横贯流域北部;还有晋煤南运的主要铁路干线新(乡)石(臼)铁路,以及蚌(埠)合(肥)铁路和建设中的新(沂)长(兴)铁路等。内河航运有年货运量居全国第二的南北向的京杭大运河,有东西向的淮河干流,平原各支流及下游水网区内河航运也很发达。流域内公路四通八达,高等级公路建设发展迅速。连云港、石臼等大型海运码头,不仅可直达全国沿海港口,还能通往韩国、日本、新加坡等地。

淮河流域沿海还有近 1 000 万亩滩涂可资开垦。流域年平均水资源量为854 亿 m³,其中地表水资源量为 621 亿 m³,浅层地下水资源为 374 亿 m³,干旱之年还可北引黄河,南引长江补源。境内日照时间长,光热资源充足,气候温和,发展农业条件优越,是国家重要的商品粮棉油基地。

1.2.4.2 研究进展

据统计淮河流域 64% 的河流处亚健康状态及以下(刘玉年,2008)。张颖等(2014)采用三种方法构建淮河流域底栖动物完整性指数指标体系,在比较不同方法的评价结果准确性的基础上,得出淮河流域绝大部分站点处于不健康状态;李瑶瑶等使用频度分析法和理论分析法,从水文特征、水环境质量、河流地貌及水生生物 4 个方面,选取应用较为频繁且具淮河流域(河南段)特征的 14 项指标作为健康评价指标体系,使用 T-S 模糊神经网络方法计算各个准则层以及综合指数,判断河流的健康状况。结果表明淮河流域(河南段)河流生态系统健康综合评价指数从 1.01~4.35 均有分布,健康状况为脆弱的断面将近 75%,域内有 96% 的断面为待修复状态(李瑶瑶 等,2016)。

胡金构建了淮河流域水生态健康评价指标体系和方法。该评价指标体系涵盖物理、化学、生物 3 个准则层,包括河岸带状态、河流形态、营养盐、氧平衡、着生藻类、大型底栖无脊椎动物 6 个方面共计 19 项指标。利用构建的指标体系对淮河流域进行水生态健康评价,比较分析了不同区域、不同区位、不同宽度及流域内主要河流的水生态健康状况。结果表明:淮河流域水生态系统整体健康状况处于一般状态,健康综合指数得分较高的样点主要位于河南省沙颍河流域上游的沙河、遭河、北汝河等河段,得分较低的样点主要位于淮河中游;营养盐和大型底栖动物健康状况较差,是水生态健康的限制性因素(胡金,2015)。谢悦采用模糊层次法建立淮河中上游健康评价层次结构,结果表明:入河污染超标不仅导致淮河中上游水质恶化,而且也严重影响了水生生物尤其是底栖和浮游动物的种群和数量,淮河中上游河流健康状况处于亚健康偏临界状态,并针对淮河中上游存在的河流健康问题,提出了控制污染物排放、合理优化闸坝调度、减少河岸带人为改造是恢复淮河河流健康水平的主要措施(谢悦,2017)。

1.2.5 松花江流域

1.2.5.1 流域基本概况

松花江流域是仅次于我国长江流域和黄河流域的第三大流域,也是黑龙江右岸最大的支流,分布在东经 119°52′~132°31′,北纬 41°42′N~51°38′N。松花江全长为 2 328 km,流域面积约 55.7 万 km²,径流总量为 759 亿 m³,流经黑龙江、内蒙古、吉林、辽宁四省(自治区)。松花江流域水系发达,支流众多,全流域面积大于 1 000 km² 的河流有 86 条。松花江有南北两源,北源嫩江,南源西流松花江,南北二源在黑龙江省和吉林省交界的三岔河附近汇合后为松花江干流。

松花江流域地势南北高,中间和东部低平,绝对高程相差极大。西部以大兴安岭与额尔古纳河(黑龙江的南源)为界,海拔为 700 ~1 700 m;北部以小兴安岭与黑龙江为界,海拔为 1 000~2 000 m;东南部以张广才岭、老爷岭、完达山脉与乌苏里江、绥芬河、图们江和鸭绿江等为界,海拔为 200~2 700 m;西南部是松花江和辽河的分水岭,海拔为 140~250 m,是东西向横亘的条状沙丘和内陆湿洼地组成的丘陵区;流域中部是松嫩平原,海拔为 50~200 m,是流域内的主要农业区。

松花江流域地处北温带季风气候区,大陆性气候特点非常明显,冬季寒冷漫长,夏季炎热多雨,春季干燥多风,秋季很短,年内温差较大,多年平均气温在 3~5 ℃。

松花江流域位于长白植物区系、大兴安岭植物区系和蒙古植物区系汇合处,植物区系和植被类型较复杂,并具有过渡性特征,可大致划分为大兴安岭植物区、小兴安岭-老爷岭植物区和松嫩平原植物区、长白山植物区。流域内土壤类型的分布为从东部和东北部的森林草甸土到中北部的黑土再到中部的黑钙土。

松花江流域 2010 年总人口为 7 304.4 万,平均人口密度为 131 人/平方千米,人口空间分布以流域中部和东部平原以及丘陵过渡地区最为密集,流域边缘山区人口稀少。松花江流域是全国重要的重工业基地和商品粮生产基地,其中下游经济发达,工农业发达。松嫩平原、三江平原是全国重要的商品粮生产基地,长春、哈尔滨是全国的重工业基地。经济发达的地区集中体现在哈尔滨、长春、齐齐哈尔、吉林、佳木斯、大庆、鹤岗等几个地级市,人均GDP 远高于其他地区。工农业及人们日常的生产活动排放大量的废水进入河流湖泊水体。人均 GDP 较高的黑龙江省哈尔滨市、齐齐哈尔市、大庆市、牡丹江市、佳木斯市、鹤岗市、伊春市、绥化市和吉林省长春市、吉林市废水排放量占全流域的 80% 左右,其中化学需氧量(COD)排放量超过万吨的有哈尔滨市、长春市、吉林市、齐齐哈尔市、白城市、佳木斯市、大庆市、牡丹江市、绥化市、兴安盟、鹤岗市、七台河市、伊春市、通化市、松原市、黑河市、双鸭山市等。废水排放量大于 1.0 亿 t/a 的城市包括哈尔滨市、吉林市、长春市、牡丹江市、齐齐哈尔市、大庆市和佳木斯市等 7 个城市,是流域经济发达的区域,也是流域污染控制的重点区域。

1.2.5.2　研究进展

近年来,松花江保护逐渐受到当地政府的重视。松花江干流沿岸现已划分了 13 个湿地类型省级自然保护区。

李喆于 2015 年 5 月—2016 年 5 月明水期,依人为干扰类型不同在松花江哈尔滨段设 8 个样点,用人工基质载玻片法 7 次调查着生藻类的 28 个候选指标,筛选核心参数,建立健康评价标准,并评价调查水域春、夏、秋三季的健康状况。评价结果表明,城市河段、乡村河段、工程河段对河流健康状况的影响表现为:城市>乡村>工程;工程对河流坝上、坝下生态系统健康状况的影响也有不同,为坝上优于坝下,作者探讨了不同人为干扰对河流健康状况的影响,以期为松花江流域健康评价奠定基础(李喆 等,2019)。魏春凤以松花江干流为研究对象,将理论、实践结合,根据松花江干流的自然状况、生态系统特征和社会服务功能状况,构建了由目标层、准则层、指标层组成的生态系统健康评价指标体系,涵盖水生生物、水质、水文水资源、河岸物理结构及社会服务功能等方面,确定了 14 个评价指标。该体系适应松花江干流河流健康评价理论框架和方法体系,对松花江干流 2006 年和 2015 年两个年度的河流健康状况进行综合评估,分析了松花江干流十年间的河流健康状况的变化以及松花江干流健康状况对其所在区域生态安全、粮食安全的影响,提出了适应性河流管理对策(魏春凤,2018)。阴琨对松花江流域水生态质量连续三年的评价研究表明,2012—2014 年松花江流域三年平均有 27.4% 的区域水生态质量状况为优和良好,22.7% 为一般,49.9% 为较差和很差,流域内近一半区域的水生态环境质量存在不同程度的受损;流域生境质量主要处于一般至良好的状态;经流域内压力分析得出,高锰酸盐指数、五日生化需氧量、氨氮、化学需氧量、总氮、总磷的污染是影响松花江流域水生态环境质量和生物群落状态的主要水环境压力因素(阴琨,2015)。

1.2.6 海河流域

1.2.6.1 流域基本概况

海河流域位于东经 112°～120°、北纬 35°～43°,涉及北京、天津、河北、山西、山东、河南、内蒙古和辽宁 8 个省(自治区、直辖市),由滦河水系、海河水系和徒骇马颊河水系 3 个水系构成,众多河流均汇入渤海湾,流域海岸线长为 920 km。流域总面积为 31.8 万 km²。流域多年平均水资源总量为 370 亿 m³,属于资源型严重缺水地区,全流域共建成各类水库 1 900 余座,流域水资源开发利用率达到了 98%,耗水率达 70%。

流域大致可分为高原、山地和平原三大类地貌。西部为黄土高原,西北部为内蒙古高原,它们处于我国第二级地形阶梯上,海拔在 1 000 m 以上。北部和中南部分别是燕山山脉和太行山山脉,呈东北—西南弧形分布,地形起伏较大,海拔一般在 500～3 000 m。东部和南部是广阔的海河平原,海拔一般低于 100 m。东部平原面积约 12.9 万 km²,占海河流域总面积 41%。海河流域从东到西地带性植被依次为森林、灌丛、稀疏灌草丛等。

流域年均降水量为 350～830 mm,平均年径流量为 62 mm,年均气温空间差异达 20 ℃。海河流域土壤分为 7 个类型(钙层土、淋溶土、半淋溶土、初育土、水成土、半水成土、滨海盐碱土),从东到西地带性植被依次为森林、灌丛、稀疏灌草丛等。近 30 年来海河流域土地利用结构一直是以耕地和林地为主导的土地覆盖格局,目前海河流域正处于快速城市化阶段,生产性用地快速增长,耕地面积迅速减少,林地面积变化不大,园地、工业用地、住宅用地显著增加(郝利霞 等,2014)。

2012 年,流域内总人口 13 700 万人,GDP 约 67 500 亿元,社会经济发展对生态系统的干扰十分严重,海河产业结构第一产业 GDP 所占比例明显下降,第二产业和第三产业 GDP 所占比例上升。

海河流域人口密度大、工业化程度高、发展速度快,生产生活用水和农田耗水已成为导致海河流域水资源日益缺乏的重要诱因。历史上的三大淀洼群(大陆泽-宁晋泊淀洼群、白洋淀-文安洼淀群、黄庄洼-七里海淀洼群)正在面临干涸的危险。流域内多数河流受到围垦、筑坝、河网改造、岸边工程等影响,季节性淹没区域减少,天然湿地和植被大量丧失,洄游通道不畅,生物栖息地被大量压缩,致使许多河流生态系统退化。

流域矿产资源丰富,煤炭、石油、钢铁、化工等产业的发展产生了大量工业三废(废水、废气、固体废弃物),使众多河流遭受严重污染。同时,由于流域水资源禀赋不足,河流大多呈现非常规水源补给的特点,河流平均污径比为 0.14,部分河流甚至超过 2.0,这种补给方式造成了严重的河流污染问题。流域 72% 的河流水质劣于 Ⅱ 类,49 条河流严重污染,有 76% 浅层地下水水质劣于 Ⅲ 类。对河流水质和沉积物中有机物、重金属污染等方面的调查结果显示,流域河流整体以耗氧型污染为主,营养盐污染和毒害污染并存。

1.2.6.2　研究进展

自 1963 年特大洪水之后,海河流域大规模兴建水利工程,海河干流原有入境水量大幅减少,河流的水文特性、河床状况等均发生重大改变,加之社会经济的快速发展,目前海河干流存在着水资源短缺、水污染严重等问题(罗莎等,2016)。自 2010 年 6 月起,水利部海河水利委员会依据水利部《河流健康评估指标、标准与方法(试点工作用)》和《湖泊健康评估指标、标准与方法(试点工作用)》等技术标准,从水文水资源、物理、水质、生物、社会服务功能 5 个方面先后开展滦河、漳河、白洋淀、于桥水库、岳城水库等河流、湖泊的健康评估工作。每个评估周期为三年,每年均编制评估年河湖(库)健康评估报告。通过几年的海河流域河湖健康评估工作实践,水利部海河水利委员会积累了大量重要的河湖水文水资源、物理、水质、生物、社会服务功能等方面的监测和调查资料。同时,在水利部水资源司《河流健康评估指标、标准与方法(试点工作用)》《湖泊健康评估指标、标准与方法(试点工作用)》基础上,学习国内外河湖健康评估已有的评估体系,结合海河流域河流、湖泊自身特点和实践工作经验,构建了适合海河流域的河湖健康评估体系和评估方法,为制定全国河流、湖泊有效保护和合理开发决策提供了技术支撑,促进了河流、湖泊的可持续发展(王乙震 等,2017)

罗莎等针对海河穿过天津中心城区、原有入境水量大幅减少的特点,以水利部河流健康评估技术导则为基础,调整了 5 个准则层的部分评估指标及赋分权重,构建了一套海河干流健康评估体系,并依此评估出海河干流 2013 年的健康指数得分为 47.9 分,为"亚健康状态"。郝丽霞等从化学完整性和生物完整性两方面建立评价指标体系,探讨了海河流域河流生态系统健康状况,并分析了其空间特征。评价结果表明海河流域河流生态系统健康状况整体较差,同时,表现出明显的地区集聚效应,在人口密集的工业城市群河流生态系统健康程度均为"极差",在人类活动较弱的山地区,河流生态系统健康程度相对较好。海河流域水质健康程度大体表现为:北部和西北部高原山地区水质较好,中部、南部、东部平原区水质较差。整个海河流域水体富营养化趋势明显,今后需大力遏制营养盐的排放;海河流域的营养盐健康状况无明显的空间差异性。海河流域三大水系河流生态系统健康程度均较差,影响海河流域河流生态系统健康的关键因子为氨氮、总氮、总磷等营养盐指标。殷会娟从河流水文特征、水质、生物指标、形态结构及河岸带状况五个方面建立了河流评价指标体系，并运用层次分析法对河流生态健康进行了评价。对海河水系进行评价的结果为评价综合指数为 1.463，海河处于不健康状态。在海河生态健康评价中，海河水质所占的权重最大，海河水质综合污染指数为 13.61，健康标准为病态，水量和水生生物的各个评价指标也都处于恶化状态（殷会娟，2006）。

1.2.7　辽河流域

1.2.7.1　流域基本概况

辽河是我国七大江河之一，辽河流域地处我国东北地区西南部。北与松花江流域接壤，南与渤海湾相接，涉及吉林省、辽宁省、河北省和内蒙古自治区部分地域的 65 个市、县（旗）。辽河全长为 1 345 km，流域面积为 219 571 km²，南北长约 7.6 km，东西宽约 490 km，整个流域呈树枝状，东西宽、南北窄，山地主要分布在流域的东西两侧，成为辽河平原的东西屏障。辽河流域在辽宁省内自东北向西南流经铁岭、沈阳、鞍山、盘锦、本溪、抚顺、辽阳、营口、阜新、锦州、朝阳 11 个市的 36 个县（市、区）。

辽宁省辽河流域多年平均地表水资源量为 96.49 亿 m³，地下水资源量为 73.23 亿 m³，水资源总量为 130.47 亿 m³，重复水量为 39.25 亿 m³。辽河流域主要由浑太河、西辽河、东辽河、辽河干流及其支流，以及分布在各流域的各种人工水库构成。其中，全流域内有大中型水库 90 座。

辽河流域地貌类型分为山地、丘陵、平原及低湿地和沙丘四类。其中，山地面积居多，面积约为 78 506 km²，占 35.7%；平原及低湿地次之，面积约为 75 840 km²，占 34.5%；再次为丘陵，面积约为 51 514 km²，占 23.5%；沙丘面积最少，为 13 711 km²，占 6.3%。

辽河流域多年平均降水量为 300～950 mm。地势大体呈东高西低，东部海拔为 300～800 m，西部海拔为 140～200 m，南部海拔为 60～90 m，辽河下游海拔平均约为 50 m,坡降很小。辽河流域年平均径流深度分布亦由东南向西北逐渐减小。例如,东辽河二龙山水库以上年平均径流深度为 100～150 mm,并向下游递减。西辽河上游的老哈河和西拉木伦河的上游山区年平均径流深度为 50～75 mm,西辽河地区的乌力吉木伦内陆河流域年平均径流深度仅为 25～50 mm。

流域内土地类型大致可分为耕地、园林、林地、牧草地、居民点及工矿用地、交通用地、水域及未利用地八大类。其中林地占 30%～40%,耕地占 20%～30%,水域、居民点及工矿用地、未利用地面积相对较大,各占 5% 以上,园林、牧草地、交通用地面积较小,各占 1% 左右。

辽河流域的土壤类型随着纬度和经度的改变呈现出很大差异,主要土壤类型有 7 种,分别为棕壤、草甸土、水稻土、潮土、栗钙土、粗骨土和草原风沙土。

流域内共有 25 种植被类型,如桦、椴、榆等,植被类型复杂多样。辽河流域东部地区主要植被为榛子、胡枝子、蒙古栎灌丛,其次是温带、亚热带落叶灌丛、矮林和落叶栎林;辽河流域中部的东南部地区以冬小麦、杂粮、两年三熟的棉花、枣、苹果、梨、葡萄、柿子、板栗和核桃为主;辽河流域中部的其他地区则是以榆树林结合沙生灌丛,以及春小麦、大豆、玉米、高粱、甜菜、亚麻、李、杏和小苹果为主;辽河流域西部地区以草原和稀疏灌木为主,主要的植被类型是贝加尔针茅草原和大针茅、克氏针茅草原;辽河流域西南部地区以本氏针茅和短花针茅草原为主。随着海拔的上升,植被类型主要是草原沙地锦鸡儿、柳和蒿灌丛。

辽河流域部分河流水质污染严重,已丧失使用功能,严重污染的河水又污染了两岸的浅层地下水,使地下水受到不同程度污染。辽河流域水质污染十分严重,多年水质监测结果表明,4 条干流河流城市段水质均劣于国家地表水 V 类水质标准,部分支流完全成为城市纳污河渠,浑河沿岸地下水氨氮超标,太子河辽阳段地下饮用水出现亚硝酸盐氮超标等现象。由于长期持续排污,辽河流域部分河流底质受到严重污染,发黑、发臭,有机质含量高,即使河水治理成功,水质得到改善,底质将成为新的污染源,使污染治理不能达到预期效果。

辽河流域各河流多是典型的季节性受控河流,大量修建的水利工程破坏了原有的生态面貌。河流上游多修建水库,导致下游河道内无径流,地下水水位下降,河床变成了新的沙地,风沙和干旱不断发生,严重破坏了生态平衡。枯水期由于缺少天然径流,河道内堆积了大量城市排放的污水,每逢灌溉季节,水库放水,将这些堆积在河道内的污染物集中冲入下游,时有对农作物造成毁灭性危害的事件发生,进一步加大了水资源短缺的矛盾。

根据辽宁省第三次河流遥感调查数据,辽河流域辽宁省部分水土流失面积为 10 331 km²,占辽河流域辽宁省部分总面积的 23.6%。辽河流域上游地区地处松辽沉降带的南沿,属科尔沁大沙带的东端。辽宁北部漫岗丘陵地区分布冲积洪积物,质地多为轻壤,目前多为农田,易造成水土流失。西辽河大部分流域地处科尔沁沙地,植被盖度偏低,因此辽河流域上游地区土壤侵蚀、水土流失严重,造成下游水库、河闸及河道淤积成灾,河道逐渐淤高、展宽、改道,侵蚀面积和风蚀面积有逐年加重态势。辽河干流河水含沙量通常为每升数百至数千毫克。

1.2.7.2　研究进展

辽河流域曾经污染严重,2000 年时多项水质指标为劣 Ⅴ 类水,污染问题急需解决。后来通过建造污水处理厂,关闭数家造纸厂等措施,才使得辽河流域污染情况逐渐得到改善。宗福哲在辽河流域辽宁省段设置 65 个监测断面,构建包括理化、营养盐、着生藻类和大型底栖动物四大类共 15 项二级指标的综合指标体系,结果显示辽河干流 4 个监测断面为"健康"状态,8 个断面为"一般"状态,2 个断面为"较差"状态,根据水生态健康评价结果分析得出,辽河流域上游的健康状况明显优于下游,南部监测断面的健康情况明显优于北部监测断面(宗福哲,2017)。张楠等建立辽河流域河流生态系统健康综合评价体系,包括水物理化学、河流物理栖息地质量要素和水生生物,并应用灰色关联法评价其健康等级,发现辽河干流生态系统受损情况严重,并且分析了造成河流健康状况下降的原因。张远等根据2009年5月太子河流域水生生物的调查结果,以藻类、鱼类、大型底栖动物、基本水质和营养盐作为候选参数,采用总体线性回归模型和相关性分析法对它们进行筛选,构建了多指标河流健康综合评价指数,对辽河流域河流健康进行了评估。结果表明,辽河流域河流健康受损较重,有83%的采样点未达到"良"等级,主要分布在浑河、东辽河和西辽河流域,主要原因为城市、工业及农业面源污染较大。马铁民从流域、河流廊道和栖息地3个尺度分别选取17个指标以全面反映辽河流域河流的健康状态,分析了西辽河、东辽河、辽河干流和浑太河四个区域的河流健康状况,从流域尺度、河流廊道尺度、栖息地尺度和总健康状态分别评价了其健康状态。最终评价结果显示西辽河和东辽河区均处于病态,辽河干流和浑太河区处于不健康状态。分析认为主要由水资源过度开发与利用、水利工程建设密集、污水不合理排放等原因导致。

第二章

河流健康评价方法

2.1 河流健康评价方法综述

随着国际上对流域水生态系统保护工作的日益重视,河流健康评价工作的相关研究成果不断积累,生态系统健康评价的方法得到不断发展,从评价对象角度分类,可分为物理-化学法和生物法;从评价原理的角度,可分为预测模型法和多指标评价法,其中多指标评价法更为常用。

2.2 预测模型法

预测模型法的原理为选择无人为干扰或受人为干扰很小的样点作为参考样点,以参考样点的环境参数和生物组成为基础建立经验模型,然后比较调查样点的实际值与由模型得出的理想预期值,以二者的比值大小评价调查点的河流健康状况,比值越接近于1,说明调查点与参考点的生态环境越接近,健康状况越好。但是这种方法也具有一定的局限性。预测模型法主要依赖物种变化反映河流健康状况,当所选生物参数对环境变化不敏感,这种方法得出的结论就不能很好地反映河流生态健康状况;其次是参考点的选择问题,寻找未受人为干扰的样点有一定难度,且参考点的生态状况应与调查河流状况相似。

预测模型法以英国提出的 RIVPACS(Wright et al.,1998) 和澳大利亚在此基础上提出的 AUSRIVAS(Smith et al.,1999)为代表。预测模型法的具体评价步骤为:①选取无人为干扰或人为干扰极小的河流作为参照河流;②调查参照河流的理化性质特征及生物组成;③根据调查结果建立参照河流的经验模型;④调查被评价河流的理化性质特征,并将调查结果代入经验模型,得到被评价河流理论上的生物组成;⑤调查被评价河流的实际生物组成情况;⑥得到实际生物组成与理论生物组成的比值来反映被评价河流的健康状况,比值越接近于1则表示该河流越接近自然状态,其健康状况也就越好。

20 世纪 70 年代,英国科学家和管理者为了更好地了解河流生态状况和大型底栖动物群落特征,制订了一个四年计划去收集未污染(无人为干扰)河流的大型底栖动物、物理生境、水化学本底情况,这为后来 RIVPACS 的提出奠定了基础。RIVPACS 是由英国淡水生态研究所(现为英国生态与水文中心)提出的,利用区域特征预测河流自然状况下应存在的大型底栖动物,并将预测值与该河流大型底栖动物的实际监测值相比较,从而评价河流健康状况。RIVPACS 是以全英国 835 个点位数据为基础建立的,之后被英国环境署、苏格兰环境保护署、环境与遗产服务部门用于河流监测与健康评价(Wright et al.,1998)。RIVPACS 方法被许多国家采用,并且是欧盟《水框架指令》中许多原则的基础。RIVPACS 方法近年来不断被发展完善,直至 2008年,英国生态与水文中心又提出了 RIVPACSⅣ版本,并发布了 RIVPACS 使用说明书。这是在前几个版本的基础上发展完善的预测模型,可用于 WFD规定的水生态健康评价。

AUSRIVAS 也是一种用于河流生物健康评价的快速预测系统。它是在澳大利亚联邦政府开展的 NRHP 项目中建立起来的。针对澳大利亚河流的特点,AUSRIVAS 在评价数据的采集和分析方面对 RIVPACS 方法进行了修改,利用大型底栖动物科级分类单元代替属级分类单元进行模型预测,使得这一预测模型可以广泛用于澳大利亚河流健康状况的评价(Smith et al.,1999)。

RIVPACS 能够比较精确地预测某河流理论上应该存在的生物量,但该方法只考虑了大型底栖动物这一种生物类群,没有将河流水质等生境条件与生物条件相联系。AUSRIVAS 考虑到了这一点,包括大型底栖动物预测评价模型和河流物理与化学评价模型两个方面。因此,AUSRIVAS 可以将生物状况评价与河流水质和栖息地生境条件联系起来,综合反映调查样点的化学、物理和生物信息。但是,预测模型法依旧存在一个不足之处,即通过比较单一物种的变化情况评价流域健康状况,并且假设河流任何变化都会反映在这一物种的变化上,一旦出现流域健康状况受到破坏却并未反映在所选物种变化上的情况,这种方法就无法准确反映出河流健康的真实状况,因此具有一定的局限性(Raven,1998)。

2.3 多指标综合评价法

利用指标进行流域健康评价主要从流域水生态系统的要素组成上考虑,包括水体理化要素、水文要素、生物栖息地要素和水生生物要素,而目前研究发展的核心是利用水生生物要素评价。水生生物评价根据不同研究层次可分为分子与基因表达、组织与生理功能、物种种群、群落结构等不同层次,其中对物种种群与群落结构的研究比较深入。

物种种群的研究是通过监测某些生物或种群的数量、生物量、生产力,根据其动态变化来评价水生态系统的健康状况。最经典的生物监测方法是指示物种法,对水生生物进行调查与鉴定,如细菌、藻类、原生动物、浮游生物、大型底栖动物等,根据物种的有无来判断生态系统健康状况。后来在指示物种的选择上,研究者选择运动范围较大的物种,在景观尺度上评价水生态系统健康状况。例如,Kingsford(1999)运用航空监测手段了解河流系统周围水鸟的数量变化与分布趋势,并以此来研究河流的健康状况。但指示物种法也有一定缺陷,目前研究提到的可作为指示物种的生物种类名录太长,涉及种类繁多,鉴定困难,难以定量,使此法的应用和推广受到了一定限制。

自20世纪50年代以来,许多学者应用较为简单的生物评价指标逐渐替代了指示物种法来监测河流状况,到80年代初期又发展出利用多参数生物指标进行河流健康评价的方法(Karr,1981)。生物指数法多以鱼类、大型底栖动物、着生藻类为监测与研究对象。较为有代表性的指标如 IBI、FAII、TDI、ITC(Pavluk,2000)等。

生物指数法虽然是河流生态系统健康评价的常用方法,但也存在许多缺点。例如,选择不同的研究对象及监测参数会导致不同的评价结果,难以确定不同生物类群进行评价时的取样尺度与频度,无法综合评价河流生态系统状况问题等。一个指数只能反映干扰过程中造成的某方面影响,在流域范围内对所有干扰都敏感的单一河流健康指标是不可能存在的。因此,多参数评价法逐渐发展起来,这类评价法综合使用物理、化学、生物指标构建能够反映不同尺度信息的综合指标进行流域健康评价。此类方法以 RBPs、ISC、RHP、RHS、河岸河道环境清单(Riparian Channel and Environmental Inventory,RCE)(Petersen,1992)等为代表。在评价指标体系的构建上,除了在群落结构和功能层面上评价河流健康外,还建立了基于科、属、种等各级生物分类单元的评价方法。多指标评价的建立和应用,还综合考虑了自然环境条件和外界环境干扰等各种复杂因素,实现了河流健康评价由单一生物指数向综合应用多种生物和非生物指标的过渡,使得多指标体系能够更加客观地反映人为干扰。其中,RCE 涵盖了河岸带完整性、河道宽/深结构、河道沉积物、河岸结构、河床条件、水生植被、鱼类等 16 个指标(Petersen,1992);ISC 则构建了基于河流水文学、形态特征、河岸带状况、水质及水生生物 5 个方面 19 项指标的评价指标体系(Ladson et al.,1999)。多参数评价法考虑的表征因子远多于预测模型法,但由于评价标准较难确定,因此评价工作复杂程度高。

第三章

河流健康评价指标

19 世纪末,人们开始意识到人类活动的干扰对河流生物造成了伤害,并尝试了解河流生物受损害的程度,因此河流生物成为评价生态系统退化的一种指示因子,由此开始进行河流生物监测。进入 20 世纪后,化学污染物对水质的影响引起了许多学者的重视,但没把化学污染物和河流生物结合起来考虑。随着研究的深入,人们才逐渐认识到河流生物群落结构和功能的变化具有反映各种化学、生物和物理影响的能力,比如,化学污染、物理生境变化、外来物种入侵、水资源大幅减少、河岸带植被过度采伐等人类活动干扰。生物监测可以反映多种外界干扰压力对水环境造成的累积影响效应,是流域水生态系统健康评价的核心手段,而化学和物理监测能够直接反映流域生态环境质量。因此,从化学、物理和生物的完整性 3 个角度综合评价水生态系统健康已逐渐被认可并得到广泛应用,各国的流域水生态系统健康评价项目基本都是由生物、化学和物理三方面构成的评价体系。

3.1　物理生境指标

物理生境指标是反映河流物理形态的参数。物理生境指标在很多河流健康评价中都有所应用,如 WFD 和 FARWH。物理生境指标主要考察河流地貌过程和形态,常用的指标包括河岸带状况、河岸带稳定性、河道连通性(横向、纵向)、河床高程、湿地保留率、河流底质状况等,对于湖泊则主要考虑湖滨带状况、萎缩状况、淤积状况、湖泊连通性状况等。

3.2　水环境指标

3.2.1　水文指标

水文指标可反映河流的物理完整性。主要是反映流态和水量的水文参数,基流、断流事件等是常被考虑的内容。其中基流包括高流量季节(汛期)、低流量季节(非汛期)、月基流等参数;断流包括断流年际频率、年度频率、发生时间、持续时间等;流量则包括低流量、低脉冲流量、高流量、高脉冲流量、满槽流量等。另外还有一些综合流量指数也常用于评价,如流量偏差指数(FDI)、流量健康指数(FHI)(Gippel et al. ,2011)。

3.2.2 水质指标

从化学完整性角度考虑,常规水质参数如 DO(溶解氧)、pH 值、电导率等,营养盐参数有总氮、总磷等,以及耗氧水质参数,COD(化学需氧量)、BOD(生化需氧量)等是使用频率较高的。河流生态系统更加常用常规水质参数和耗氧水质参数,湖泊则更重视营养盐参数,还会选择水体透明度、叶绿素 a 含量等反映湖泊富营养化的水质参数。此外,综合评价体系可能不仅使用单个水质参数,而是采用复合型参数或综合指数,如反映水质状况的水质综合指数(水利部国际经济技术合作交流中心 等,2012)、反映水体富营养化程度的营养状态指数(TSI)、内梅罗指数等。

3.3 生态环境指标

3.3.1 水生生态指标

从水生生物完整性角度考虑,各种生物类群都可以应用于水生态系统健康评价中,如鱼类、大型底栖动物、浮游生物、着生藻类、大型水生植物、微生物等。其中鱼类、大型底栖动物、着生藻类、浮游生物是最常使用的类群。着生藻类一般针对可涉水河流,这种类型河流的底质以砾石为主,其为着生藻类提供了很好的生境条件;而浮游生物主要应用在不可涉水河流、河口和湖泊等水体类型。对于上述几种水生生物类群来说,物种丰度、密度、多样性指数、生物完整性指数等反映群落结构与功能的指标在各类生物评价中都有着广泛的应用。除了这些通用评价指标外,不同生物类群又有着各自特有的评价指标。使用着生藻类评价时，硅藻指数类型较多且使用率极高，如生物硅藻指数（Biological Diatom Index，BDI）、营养硅藻指数（Trophic Diatom Index，TDI）、属系硅藻指数（Generic Diatom Index，GDI）、特定污染敏感性指数（Specific Polluosensitivity Index，SPI）等。对于大型底栖动物来说，BMWP（Biological Monitoring Work Party System）指数、ASPT（Average Score Per Taxon）指数等则是根据大型底栖动物的环境耐受性发展出来的指标，可以敏感地反映出水环境质量情况。在使用鱼类的评价指标时，渔获量（生物量）、形态学（畸形、病变）等则是比较典型的指标。

3.3.2　陆生生态指标

随着研究内容的深入，河流沿岸的陆生生态环境也逐渐受到关注，因为生态系统是一个完整的体系，河流沿岸部分也是整个河流生态系统不可分割的一部分。岸线植被覆盖度是实际应用中使用频率最高的指标，此外还有水鸟、涉水猛禽等相关指标。

3.4　社会环境指标

河流健康的含义中包括河流自身生态系统和社会服务功能两部分，健康的河流应是在保持自身生态系统的活力和恢复力的同时，也能实现其生态服务功能，这一观点被越来越多的学者所认同。社会环境指标主要目的是反映河流服务功能的实现程度，主要考虑的方面有通航水平、防洪灌溉能力、景观舒适度、公众满意程度等，具体指标主要有水资源开发利用率、防洪达标率、通航水深保证率等。

第四章

汉江中下游河流健康评价

4.1　研究区域概况

4.1.1　自然环境概况

汉江是长江中游最大的支流,发源于秦岭南麓,干流流经陕西、湖北两省,于武汉市汇入长江。汉江流域位于东经 $106°12'\sim114°14'$,北纬 $30°08'\sim34°11'$ 之间,流经陕西省南部、河南省西部、湖北省北部及中部、四川省东北部和甘肃省东南部。汉江干流全长为 1 567 km,总落差为 1 964 m,全流域面积为 $15.9×10^4$ km^2。多年平均径流量为 566 亿 m^3。汉江干流丹江口以上为上游,河长925 km,流域控制面积为 $9.5×10^4$ km^2。丹江口以下至汉口为中下游,通常是指丹江口水库下游的襄阳、钟祥、沙洋、潜江、仙桃和汉川等主要城镇,最后在武汉龙王庙汇入长江,河长 652 km,流域控制面积达 $6.4×10^4$ km^2。

汉江中下游属亚热带季风气候区,由于北有高大雄伟的秦岭山脉阻挡西北南下的干冷气流,形成温暖湿润的气候条件。冬季受蒙古高气压的控制,夏季则受太平洋高气压的影响,四季分明,光热充足,雨热同季。无霜期为230~260 d,年平均气温为 15~17 ℃,有利于各类作物生长。流域降雨分布总趋势是南多北少,年平均降水量为 800~1 100 mm。受季风环流的控制,流域各地雨量主要集中在 5—9 月,尤其在 7、8 月盛夏多发生暴雨。由于降水量年内时空分布极不均匀,易发生洪涝和干旱灾害。大风一年四季均在发生,出现最多的是汉江中游河谷和应山、大悟一带,全年 8 级以上大风日数在 15 d 以上,下游江汉平原全年大风日数为 10 d 左右。

汉江属雨源型河流,径流主要来自于降水,因此径流年内分配很不均匀,汛期(5—10 月)径流量占全年径流量的 78.9%,11 月至次年 4 月只占21.1%,全年径流以 1、2 月份来水最少。汉江径流年际变化很大,其最大、最小径流量之比在 3 倍以上。汉江年径流地区组成不均匀,主要产流区位于丹江口以上。据统计,丹江口水库入库径流,白河以上来水量占73.2%,堵河占

17.3％，丹江占 4.3％，其他支流及区间占 5.2％。中下游河道的来水量，水库下泄占皇庄径流量的 77.4％，南河占 4.1％，唐白河占 7.3％，其他支流及区间占 11.2％。

汉江流域地势西北高，东南低。西北部是我国著名的秦巴山地，海拔高程自西向东由 3 000 m 降至 1 000 m，山间的汉水谷地以峡谷地貌为主，间有盆地分布。东南部由山丘区逐渐向东南倾斜至广阔的江汉平原，平原地势平坦，河网交织，湖泊密布，堤垸纵横，海拔高程一般在 50 m 以下。

全流域分为三个典型河段：丹江口以上为上游，长 918 km，控制流域面积为 9.52×104 km²，具峡谷、盆地交替特点，滩多，水急，河床纵坡大，河床质以卵石为主，局部为石质，平均比降在 0.6‰以上。主要支流有左岸的褒河、旬河、夹河、丹江，右岸的任河、堵河等。地形主要为中低山区，占 79％，丘陵占 18％，河谷盆地仅占 3％。丹江口至钟祥为中游，长约 270 km，流域面积为 4.68×10⁴ km²，流经丘陵地带，为宽浅型游荡性河段，枯水期河宽 300～400 m，洪水期河宽达 2～3 km，沙滩众多，河床冲淤不定，落差为 52.6 m，平均比降为 0.19‰。入汇的主要支流有左岸的小清河、唐白河，右岸的南河、蛮河、北河等。地形以平原为主，占 51.6％，山地占 25.4％，丘陵占 23％。钟祥以下至汉口为下游，长约 382 km，流域面积为 1.70×104 km²，流经江汉平原，两岸筑有堤防，沙质河床，河宽逐渐缩窄，至河口仅 200 m 左右，属蜿蜒型河道，落差为 41.8 m，平均比降为 0.06‰，有汉北河于左岸入汇，右岸东荆河分流口分水入长江。下游平原占 51％，山地占 22％，丘陵占 27％。

4.1.2 社会环境概况

汉江流域地域辽阔，人口众多，历史文化积淀深厚。汉江中下游地区具有得天独厚的地理位置和丰富的自然资源，既是湖北省的"粮仓"和重要的工业走廊，也是汉江流域经济发展的中心，区域内经济发达、人口密集，工农业兴盛。工业主要以石油业、汽车制造业、石油、医药业、磷化工业等工业为主，具有一定规模，效益可观。广阔肥沃的江汉平原使汉江中下游地区成为我国重要的商品粮生产基地,主要作物有水稻、小麦、棉花、麻类、油料类等。

汉江中下游流域面积约占湖北省总面积的 30%,截至 2019 年底,流域内总人口占湖北省总人口的 37.2%,其中农业人口占比 52.8%;流域生产总值占湖北省总生产总值的 40.8%;流域内农作物耕种面积占比 31.3%,粮食产量占比 47.0%(赵恩民,2022)。汉江中下游地区内大中城市众多,人口密集,近年来经济和社会发展迅速,对湖北省的经济发展起着重要作用。其中,武汉市地处汉江与长江交汇处,是长江经济带和汉江经济带的连接点,也是经济发展中心,武汉"1+8"城市圈,有 5 个城市都在汉江中下游地区;襄阳市是著名的历史文化名城,也是汉江流域中心城市,有重要的交通枢纽作用。

4.1.3　流域开发情况

汉江是长江中游最大的支流,发源于秦岭南麓,干流流经陕西、湖北两省,于武汉市汇入长江。汉江流域位于东经 106°12′~114°14′,北纬 30°08′~34°11′之间,流经陕西省南部、河南省西部、湖北省北部及中部、四川省东北部和甘肃省东南部。汉江干流全长 1 567 km,总落差为 1 964 m,全流域面积为 15.9×10⁴ km²。多年平均径流量为 566 亿 m³。汉江干流丹江口以上为上游,河长 925 km,流域控制面积为 9.5×10⁴ km²。丹江口以下至汉口为中下游,通常是指丹江口水库下游的襄阳、钟祥、沙洋、潜江、仙桃和汉川等主要城镇,最后在武汉龙王庙汇入长江,河长 652 km,流域控制面积为 6.4×10⁴ km²。丹江口下游干流河段,包括汉江中下游干流规划河段的各梯级枢纽工程影响区域,以及兴隆水库以下汉江干流流经区域,即包括丹江口—王甫洲—新集—崔家营—雅口—碾盘山—兴隆 7 级水利梯级枢纽。

汉江中下游干流水利枢纽开发时序为:丹江口水利枢纽为汉江干流最大的水利工程,初期工程于 1958 年 9 月开工建设,1973 年完成初期规模;王甫洲水利枢纽是汉江中下游衔接丹江口水利枢纽的第一座发电航运梯级,已于 2000 年建成发电,2003 年通过各单项验收;新集水电站是汉江中下游丹江口水利枢纽以下的第二级枢纽,已核准,工程等级为Ⅱ等工程;崔家营航电枢纽是汉江中下游丹江口水利枢纽以下第三级枢纽工程,2010年主体工程完工并投产运行;雅口航运枢纽是汉江中下游丹江口水利枢纽以下第四级枢纽工程,2016年开工,2022年1月,首台机组通过验收并启动发电;碾盘山水利水电枢纽是汉江中下游丹江口水利枢纽以下的第五级枢纽,属Ⅱ等工程,2019年开工,2022年底主体工程基本建成;兴隆水利枢纽作为汉江干流规划的最后一个梯级,为Ⅰ等工程,为平原区低水头径流式枢纽,2009年开工,2014年建成并投产运行。各梯级开发水利枢纽见图4-1。

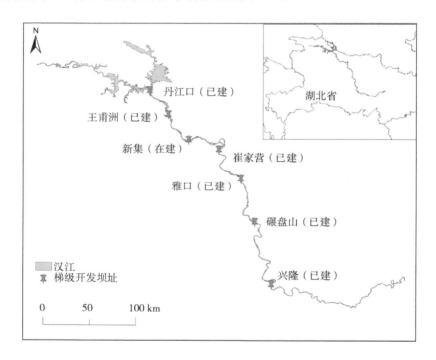

图4-1　梯级开发概况图

①丹江口水利枢纽(已建)

丹江口水利枢纽位于湖北省丹江口市汉江干流与丹江汇合处下游800 m,控制流域面积为9.52×10^4 km²,坝址处平均流量为1 230 m³/s,具有防洪、发电、灌溉、航运、水产养殖等综合效益。丹江口水利枢纽为汉江干流最大的水利工程,初期工程于1958年9月开工建设,1973年完成初期规模,坝顶高程为

162 m,正常蓄水位为 157 m,水库面积为 745 km²,回水线沿河道长度,汉江为 177 km,丹江为 80 km。总装机容量为 90 万 kW,年发电量为 38.3 亿 kW·h (图 4-2)。

图 4-2 丹江口水利枢纽(已建)

丹江口水利枢纽后续工程即丹江口大坝加高工程,也是南水北调中线一期工程的水源工程。丹江口大坝加高后,水库正常蓄水位由 157 m 提高到 170 m,混凝土坝坝顶高程由 162 m 加高到 176.6 m,两岸土石坝坝顶高程加高至 177.6 m。丹江口大坝加高工程校核洪水位为 174.35 m,死水位为 150 m,极限死水位为 145 m,防洪限制水位为 160~163.5 m。水库面积为 1 050 km²,回水长度汉江为 194 km,丹江为 93 km。

丹江口大坝加高后,丹江口水利枢纽可向南水北调中线受水区供水 95 亿 m³,同时灌溉唐白河灌区 210 万亩农田,年均发电量为 33.78 亿 kW·h。工程于 2005 年 9 月开工建设,2009 年 6 月混凝土坝坝顶全线贯通,2010 年 3 月混凝土 54 个坝段全部加高到顶。目前,丹江口水利枢纽维持较高水位运行,南水北调中线工程自 2014 年年底开闸通水以来,截至 2015 年 7 月,丹江口水库已累计向北方供水 11.36 亿 m³。为满足汉江中下游用水部门的用水要求,来水保证率小于 90% 的年份,要求丹江口水利枢纽下泄流量不小于 490 m³/s。

②王甫洲水利枢纽(已建)

王甫洲水利枢纽位于湖北省老河口市下游 3 km,上距丹江口水利枢纽约 30 km,控制流域面积为 9.53×10^4 km²,坝址处平均流量为 1 215 m³/s。枢纽的任务以发电为主,结合航运,兼有灌溉、养殖、旅游等作用(图 4-3)。

王甫洲水利枢纽是汉江中下游衔接丹江口水利枢纽的第一座发电航运梯级。水库正常蓄水位为 86.23 m,工程建成后增加了发电效益,也可作为丹江口水利枢纽的反调节水库;改善坝址上游通航条件,使丹江口至王甫洲河段达到 Ⅴ 级航道标准,保证老河口市已建的跨江老河口大桥下净空满足正常通航要求。工程总装机容量为 109 MW,年发电为 5.81 亿 kW·h。2000 年 11 月首台机组发电,2003 年通过工程竣工初步验收。

图 4-3　王甫洲水利枢纽(已建)

③新集水电站(在建)

新集水电站位于汉江中游湖北省襄阳市襄城区和樊城区境内,坝址位于白马洞,上距王甫洲枢纽 47.5 km,下距崔家营航点枢纽 63.5 km,距襄阳市区 28 km。控制流域面积为 10.3×10^4 km²,坝址处平均流量为 1 290 m³/s。结合开发条件和地区社会经济发展的要求,电站的开发任务以发电、航运为主。

新集水电站是汉江中下游丹江口水利枢纽以下的第二级枢纽,为河床式电站,自身调节库容很小。水库建成后,随着水位抬高,可改善库区两岸的灌溉用水条件,增加农田灌溉面积、提高灌溉保证率,为农业生产创造有利条件。新集水电站最大坝高为22.3 m,正常蓄水位为76.23 m(黄海高程),属于大(2)型水库,装机120 MW,工程等级为Ⅱ等工程。

④崔家营航电枢纽(已建)

崔家营航电枢纽位于襄阳市下游17 km,控制流域面积为13.06×10⁴ km²,本枢纽上距丹江口水利枢纽142 km、王甫洲水利枢纽109 km,下距河口515 km,坝址处平均流量为1 470 m³/s,是以航运为主、兼顾发电、以电养航、综合利用的工程(图4-4)。

崔家营航电枢纽是汉江中下游丹江口水利枢纽以下第三级枢纽工程。水库正常蓄水位为62.73 m,装机容量为96 MW。崔家营枢纽属Ⅱ等工程,规模为大(2)型。枢纽配套建设了1 000 t级船闸,可改善库区段航道约30 km通航条件。2009年10月首台机组发电,2010年8月,全部机组并网发电,2014年通过竣工验收。

图4-4 崔家营航电枢纽(已建)

⑤雅口航运枢纽(已建)

雅口航运枢纽坝址位于襄阳宜城市下游 15.7 km 处流水镇雅口村,上距襄阳市区约 80 km。是汉江干流湖北省内梯级开发中的第五级,上距丹江口水利枢纽 203 km,下距河口 446 km。雅口航运枢纽的开发任务以航运为主,结合发电,兼顾灌溉、旅游等综合利用功能。枢纽正常蓄水位为 55.22 m,死水位为 54.72 m,调节库容为 0.42 亿 m^3,相应枢纽工程等别为 Ⅱ 等,规模为大(2)型,具备日调节性能。电站装机规模为 75 MW,多年平均发电量为 2.52 亿 kW·h。该枢纽工程船闸级别为 Ⅲ 级,通航船舶等级为 1 000 t。2022 年 1月,首台机组发电。

⑥碾盘山水利水电枢纽(已建)

碾盘山水利水电枢纽位于汉江中下游钟祥市境内,工程坝址位于文集镇沿山头,控制流域面积为 $14.03×10^4$ km^2,坝址处平均流量为 1 020 m^3/s(丹江口调水后成果)。碾盘山水利水电枢纽是汉江中下游丹江口水利枢纽以下的第五级枢纽,正常蓄水位为 50.72 m(黄海高程),校核洪水位为 50.81 m,相应总库容为 8.96 亿 m^3,属 Ⅱ 等工程。电站装机为 200 MW,年发电量 6.5 亿 kW·h,主要供电钟祥市和荆门市,电力电量纳入湖北省电力系统。该枢纽工程船闸级别为 Ⅲ 级,通航船舶等级为 1 000 t。

工程主要开发任务为发电、航运,兼顾灌溉与旅游等综合利用。兴建碾盘山水利水电枢纽是地区经济发展的需要,也是电力系统的需要。

⑦兴隆水利枢纽(已建)

兴隆水利枢纽位于潜江兴隆与天门鲍咀交界处,与引江济汉工程、汉江中下游部分闸站改造工程和汉江中下游局部航道整治工程同属于南水北调补偿工程。枢纽为 Ⅰ 等工程,为平原区低水头径流式枢纽。工程正常蓄水位为 36.2 m,灌溉面积为 327.6 万亩,库区回水长度为 76.4 km,规划航道等级为 Ⅲ 级,过船吨位 1 000 t,电站装机容量为 40 MW(图 4-5)。

兴隆水利枢纽作为汉江干流规划的最后一个梯级,其主要任务是在枯水期抬高兴隆库区水位,改善两岸灌区的引水条件和汉江通航条件,兼顾发电。

图 4-5 兴隆水利枢纽(已建)

兴隆水利枢纽主要由泄水建筑物、通航建筑物、电站厂房、鱼道和两岸连接交通桥组成,坝轴线总长为 2 835 m。

兴隆水利枢纽于 2009 年 2 月正式开工;2009 年 12 月实现了大江截流;2013 年 11 月,首台机组并网发电;2014 年 9 月,全部机组投入生产,工程全面竣工。

引江济汉工程是南水北调中线工程的补偿工程,由枝江市七星台镇的大布街挖渠引出长江水,渠首引水流量为 500 m³/s,经沙洋县境内的长湖上游,最后在潜江市高石碑镇入汉江。工程地跨宜昌、荆州、荆门三地级市所辖的枝江市、荆州区、沙市区和沙洋县以及省直管市潜江市涉及江汉平原沮漳河下游的七星台下百里洲和四湖地区的上区两个治涝区。引江对汉江中下游的根本作用是提高了汉江枯水期的水位和流量。在一定程度上又改变了干流河道水位流量关系。作为 95 亿 m³ 调水方案的配套工程,引江济汉工程设计引水规模为 350 m³/s,最大引水规模为 500 m³/s,对兴隆以下河段水文条件有一定改善。

南水北调中线一期工程位于长江干流以北的华中和华北地区,涉及湖北、陕西、河南、河北、北京、天津等省市,于 2014 年 12 月 12 日开始通水。工程范围可分为丹江口水利枢纽区、汉江中下游工程区和受水区。南水北调中线一期工程主要供水目标是京、津及华北地区,调水线路从汉江丹江口水利枢纽引水,沿唐白河平原北部及黄淮海平原西部边缘往北自流输水,沟通长江、淮河、黄河、海河四大流域。供水区包括北京、天津两个直辖市和河南、河北省的 17 个地级市及其辖区内的 100 多个县(县级市)。多年平均年调水量为 95 亿 m³,受水区各省市分配水量为:河南省 37.7 亿 m³(含刁河灌区现状用水量 6 亿 m³),河北省 34.7 亿 m³,北京市 12.4 亿 m³,天津市 10.2 亿 m³。基本任务是以城市生活、工业供水为主,兼顾生态和农业用水。南水北调中线一期工程由水源工程、总干渠工程、汉江中下游治理工程三大部分组成。其中水源工程包括丹江口水利枢纽大坝加高工程和陶岔渠首闸工程两部分。汉江中下游治理工程由兴隆水利枢纽、引江济汉工程、部分闸站改建工程和局部通航整治工程组成。

4.2 评价方法

目前应用广泛的评价方法有很多,主要可分为单因子评价法和综合指数评价法。单因子评价法比较简单,适用于精度要求不高、评价指标简单的评价过程。基于单因素的河流评价较多以生物群落或物理生境为评估的中心。综合评价方法不仅考虑单项指标值和相应的标准值,还要考虑各个评价指标之间的相互关系,对单项指标和整体状况作出的综合评价,能够从整体上反映评价对象的实际情况。模糊综合评价法是一种运用了模糊数学理论的综合评价方法,模糊综合评价法通过建立隶属函数来确定各因素对评价等级的隶属度,能够解决定性指标无法准确量化的问题。由于河流健康评价体系复杂,涉及多层次多指标,本研究将层次分析法与模糊综合评价法相结合进行综合评价。

4.2.1 层次分析法

指标权重设计的合理性与否将直接影响到评价结果的客观性,确定权重的方法主要有主观赋权法、客观赋权法和主客观组合赋权法三类。专家咨询法是常用的主观赋权法,即由专家根据经验进行主观判断而得到权重的定性赋权方法;常用的客观赋权法有熵权法和变异系数法等,多是根据指标间的相关关系或各项指标的变异程度来确定权数;主客观组合赋权法则将二者结合,既体现了主观判断又体现了客观事实。层次分析法是将与决策目标有关的元素分解为目标、准则、方案等层次,在此基础上进行定性和定量分析的决策方法,广泛应用于各个学科和领域。其基本过程为:

(1)建立层次结构

在分析实际问题的基础上,将各个因素按不同类别和属性分解成若干层次,即构建相应的评价指标体系,同一层次的因素从属于上一层或对上一层因素有影响,同时又支配下一层或受下层因素作用,最上层称为目标层,最下层为指标层,中间层为准则层。

(2)构造判断矩阵

从第二层开始对同一层的因素用成对比较法和 $1\sim9$ 标度法比较每层各个指标之间的相互重要性来构造判断矩阵, $1\sim9$ 标度法含义如表 4-1 所示。

表 4-1 1~9 标度含义及说明

因素 i 比因素 j	量化值
同等重要	1
稍微重要	3
较强重要	5
强烈重要	7
极端重要	9
两相邻判断的中间值	2、4、6、8
倒数	$aij=1/aji$

（3）层次单排序和一致性检验

根据判断矩阵计算指标的重要性顺序的权重，该排序成为层次单排序。完全一致的正互反矩阵的最大特征值 λ_{max} 等于矩阵阶数 n，当正互反矩阵不完全一致时，有可能最大特征值 $\lambda_{max} > n$。层次单排序一致性检验方法为：计算一致性指标 $CI = \dfrac{\lambda_{max} - n}{n - 1}$，查表得到一致性指标 RI 的值，计算一致性比率 $CR = \dfrac{CI}{RI}$，若 $CR < 0.1$，则认为通过一致性检验，否则需要重新构造判断矩阵，直到通过一致性检验。

（4）层次总排序

计算同一层次中所有元素对于最高层的相对重要性标度的过程为层次总排序，即将指标层中各指标相对准则层的权重值依次乘以准则层相对于目标层的权重值。

4.2.2　模糊综合评价法

模糊综合评价是应用模糊关系合成原理，从多个因素对评判事物隶属度等级状况进行综合评判的一种方法，适用于评价系统复杂，因素众多的体系。模糊综合评价包括六个基本要素：

（1）评判因素论域 U。代表综合评判中各因素所组成的集合，即所筛选出的评价指标的集合。

（2）评语等级论域 V。代表综合评判中评语所组成的集合，是对被评因素变化区间的一个划分，如优、良、中、差、极差等评语，即制定的评价标准等级。

（3）模糊关系矩阵 F。是单因素评价的结果，即评价指标对各等级的隶属度构成的矩阵。

（4）评判因素权向量 W。代表评价因素在被评对象中的重要程度，即各评价指标的权重。

（5）模糊算子。模糊算子是指合成权重向量与模糊关系矩阵所用的计算方法,即合成方法,有取大取小算子、加和算子、乘法算子等。

（6）评判结果向量。即综合评价隶属度集合。

4.3 评价指标体系构建

4.3.1 评价指标筛选

河流生态系统评价指标体系设计的优劣直接关系到监测结果能否科学解释河流生态系统结构和功能退化的现状、变化和趋势。因此河流生态系统评价指标的选择要充分考虑河流生态系统的功能及不同生态类型间相互作用的关系。评价指标的确定是梯级开发河流生态环境累积性影响综合评价体系的基础,应遵循以下原则来选取评价指标。

（1）科学性原则。指标体系的建立必须建立在科学的基础上,各评价指标能客观真实地反映区域的资源、环境、社会经济协调发展状况和发展水平,并能很好地度量研究目标的实现程度,反映区域各评价要素之间的真实关系。

（2）独立性原则。在建立评价指标体系时,应尽量减少指标的冗余度,相互关联性强的指标应选择其中一个指标代替该类指标。

（3）层次性原则。生态环境系统是受众多因素影响的复杂系统,为了全面反映流域环境、资源、社会、经济等各个方面的特征,需要将系统分解为不同层次,从宏观到微观层层深入建立综合评价体系。

（4）代表性原则。选取的评价指标要具有一定的代表性,能明确反映系统与指标之间的相互层次关系,准确反映资源、环境、社会和经济等系统的真实状况。评价指标应力求简洁,既不能过多过细,使反映的信息相互重叠;又不能过少过简,使反映的信息有所遗漏。

（5）定性定量相结合原则。评价指标可分为两大类,一类是定量指标,即根据统计、测算与研究可以得出该指标的相关数据;另一类是定性指标,该类指标无法或难以量化,只能通过专家判断,再根据专家判断的结果定量化评估。建立评价指标体系时,应将这两种指标统筹考虑。

(6) 可操作性原则。评价指标的选取还要考虑数据收集的方便性和显示可行性。尽量选取能获得合适资料的指标,充分考虑数据资料的来源,做到每一项指标都有准确的数据支撑。

(7) 可比可量原则。可比性要求评价结果在时间上现状与过去可比,在空间上不同区域之间可比。通过时间上的比较反映出区域发展演变的趋势,通过空间上的比较反映出不同区域的差异性和优势缺陷。可量化要求定量指标可以直接量化,定性指标可以间接赋值量化。

(8) 动态导向性原则。生态环境的可持续发展是一个动态过程,其评价标准也应是相对、发展的。选取的评价指标应能够反映出区域发展的历史、现状、潜力以及演变趋势,揭示其内在发展规律。既要有反映生态环境系统发展状态的指标,又要使反映生态环境系统发展过程的指标做到动态静态相结合,具有时间和空间变化的敏感性,从而指导可持续发展政策的制定、调整和实施。

对查阅的大量文献中使用的评价指标进行分类汇总并进行频度分析,共整理出常用于河流健康评价的指标 43 类,各指标名称及使用频率如表 4-2 所示。

表 4-2 评价指标初筛表

指标	使用次数	使用频率(%)	指标	使用次数	使用频率(%)
植被覆盖	33	7.52	排污	7	1.59
综合水质	26	5.92	河流蜿蜒度	7	1.59
防洪	24	5.47	灌溉	7	1.59
河流连通性	23	5.24	单方水 GDP	7	1.59
河岸带稳定性	22	5.01	营养水平	6	1.37
水资源开发利用	21	4.78	通航	6	1.37
生态流量	21	4.78	水量	6	1.37
鱼类	20	4.56	底泥	6	1.37
水功能区水质	15	3.42	岸线利用管理	6	1.37
底栖生物	15	3.42	总磷	5	1.14
浮游植物	14	3.19	水土流失	5	1.14

指标	使用次数	使用频率(%)	指标	使用次数	使用频率(%)
饮水安全	11	2.51	流速	5	1.14
溶解氧	11	2.51	流量变异程度	5	1.14
径流量	11	2.51	氨氮	5	1.14
公众满意度	10	2.28	人工干扰程度	4	0.91
耗氧有机物	9	2.05	化学需氧量	4	0.91
泥沙	8	1.82	浮游动物	4	0.91
景观	8	1.82	总氮	3	0.68
河岸带宽度	8	1.82	重金属	3	0.68
供水保证	8	1.82	着生藻类	3	0.68
珍稀水生动物	7	1.59	水温	3	0.68
湿地	7	1.59	共计	439	100

注:因数据修约,合计频率略小于1.00。

基于上文所述评价指标选取原则和评价指标初筛结果,在综合国内外最新研究成果和咨询专家意见的基础上,最终构建了汉江中下游流域河流生态环境累积效应综合评价指标体系,将综合评价指标分为三个层次,每一层次分别选择反映其主要特征的要素作为评价指标。其中第一层指标为汉江中下游河流健康综合指数,用于反映河流健康状况的总体特征;第二层指标包括河流物理结构、河流水文水资源指标、河流水质指标、水生生物指标以及社会服务功能指标,是反映河流健康状况的五个重要组成部分;第三层指标是在第二层指标的基础上,选择更加详细准确反映河流状况的因子。

根据以上原则结合研究区域的实际情况,最终筛选出16个指标建立了由目标层、准则层和指标层三个层次构成的汉江中下游河流健康综合评价指标体系,列于表4-3,其中岸线植被覆盖度与岸线稳定性为定性指标,其余指标为定量指标。

(1)物理结构(B1)

河流物理结构是河流地貌过程与人类活动物理重建共同作用的结果,直接表现为水体同河岸河道交换能力的强弱,栖息地、河流稳固性和连通性等方面的好坏。本研究选取河流纵向连通指数、岸线植被覆盖度和岸线稳定性三项指标来评价河流物理结构状况。

（2）水文水资源（B2）

水文水资源是河流健康研究的重要内容，直接影响河流功能的正常发挥。梯级开发建设以及城市化过程中土地利用方式的调整等都显著改变了河流的流速、流量等水文参数，而河流的水文特征对于河流形态、生物群落的组成、河岸带植被的组成以及河流水质都有重要的意义。本研究针对汉江中下游流域开发情况，选取生态流量满足程度、水温变异程度和水资源开发利用率三个指标来反映河流水文水资源状况。

（3）水质（B3）

水质因子是反映河流健康状况最简单直接的指标，水体理化参数能够直观地反映出污染物在水体中的存在形式和组分，通过水质监测，能够获取很多定量指标的实测数据。为避免指标冗余，选择综合考虑各污染因子的水质优劣程度指标来反映河流水质状况，通过前期资料的收集和调研发现，汉江中下游流域有轻微富营养化和水华现象，因此选择综合营养指数来判断研究区域水体营养状况，此外，选择了水体自净能力和水功能区达标率两项指标分别反映水体自恢复能力和不同水功能区的水质状况。

（4）水生生物（B4）

水生生物状况是相对综合的河流生态系统健康状态的表达，可反映出人类活动对河流胁迫及河流自然生态演替的多种生态效应在时间及空间尺度上累积的结果。近年来，河流生物评价方法开始被广泛应用，其中大型底栖无脊椎动物、浮游生物和鱼类为使用较多的类群，本研究选取鱼类保有指数、大型底栖生物多样性指数和浮游植物多样性指数来反映河流生态系统健康状况。

（5）社会服务功能（B5）

社会服务功能也是河流健康评价的重要指标之一，能够反映河流生态系统水资源供应能力、通航和灌溉能力等。本研究选取公众满意度、集中式饮用水水源地水质达标率和通航水深保证率作为评价河流社会服务功能的指标。

表 4-3 河流健康综合评价指标体系

目标层	准则层	指标层
汉江中下游河流健康综合指数	物理结构(B1)	河流纵向连通性(C11)
		岸线植被覆盖度(C12)
		岸线稳定性(C13)
	水文水资源(B2)	生态流量满足程度(C21)
		水温变异程度(C22)
		水资源开发利用率(C23)
	水质(B3)	水质优劣程度(C31)
		水体自净能力(C32)
		水体营养状况(C33)
		水功能区达标率(C34)
	水生生物(B4)	鱼类保有指数(C41)
		大型底栖动物生物指数(C42)
		浮游植物多样性指数(C43)
	社会服务功能(B5)	公众满意度(C51)
		集中式饮用水水源地水质达标率(C52)
		通航水深保证率(C53)

表 4-4 评价指标说明及计算方法

指标	指标说明和计算方法
河流纵向连通性	根据单位河长内影响河流连通性的建筑物计算,有生态流量保证和过鱼通道的不统计,(个/km)
岸线植被覆盖度	利用ENVI软件提取河流两岸1 km范围内的遥感图像,定性分析其植被覆盖度
岸线稳定性	根据岸线实际调查情况定性分析其稳定性
生态流量满足程度	分别计算4—9月和10—3月最小日均流量占相应时段多年平均流量百分比
水温变异程度	实测水温与多年平均水温差值
水资源开发利用率	流域地表水供水量/地表水资源量×100%
水质优劣程度	由评价时段内最差的水质项目代表河流水质类别,将实测浓度依据评分阈值线性内插得到评分值
水体自净能力	用水中溶解氧浓度衡量
水体营养状况	利用综合营养指数TLI评价
水功能区达标率	达标水功能区个数占水功能区总数百分比

指标	指标说明和计算方法
鱼类保有指数	评价现状鱼类种数与历史参考点鱼类种数差异状况
大型底栖动物生物指数	利用 Hilsenhoff 生物指数(BI)评价
浮游植物多样性指数	利用 Margalef 丰富度指数评价
公众满意度	采用公众调查方法评价
集中式饮用水 水源地水质达标率	达标集中式饮用水水源地的个数占总数的比例
通航水深保证率	正常通航日数占全年的比例

按照表 4-4 介绍的方法计算评价指标的相应取值,所选评价指标的分级标准借鉴国内外已有研究成果,并参考了水利行业标准《河湖健康评估技术导则》(SL/T 793—2020)制定。评价指标的最终分值,采用区间线性内插的方法计算得到。

区间内线性插值公式如下所示:

$$Y = Y_1 + (Y_2 - Y_1) \times \frac{X - X_1}{X_2 - X_1}$$

(1)河流纵向连通性

本研究评价范围为丹江口水利枢纽大坝以下至汉江汇入长江口的汉江干流河段,评价区域河段全长 652 km。汉江中下游流域规划建设七级水利枢纽(丹江口—王甫洲—新集—崔家营—雅口—碾盘山—兴隆),其中丹江口、王甫洲、崔家营和兴隆枢纽已经建成运行,新集、雅口、碾盘山正在开展前期工作。崔家营和兴隆枢纽均建有过鱼通道,有生态流量保障,因此不计为影响河流连通性的建筑物,依据表 4-5 列出的赋分标准,采用区间线性内插的方法计算指标最终赋分值为 55.44 分。

表 4-5 河流纵向连通指数赋分标准表

河流纵向连通指数/(个/100 km)	0	0.25	0.5	1	≥1.2
赋分	100	60	40	20	0

(2)生态流量满足程度

分别计算 4—9 月(汛期)及 10—3 月(非汛期)最小日均流量占相应时段

多年平均流量的百分比,依表 4-6 列出的赋分标准,取二者的最低赋分值为河流生态流量满足程度赋分。

表 4-6　生态流量满足程度赋分标准表

(10—3 月)最小日均流量占比/%	≥30	20	10	5	<5
赋分	100	80	40	20	0
(4—9 月)最小日均流量占比/%	≥50	40	30	10	<10
赋分	100	80	40	20	0

利用 2019 年汉江中下游五个水文监测站的流量数据计算 2019 年汉江中下游河段生态流量满足程度,计算结果列于表 4-7 中,最终得分为 84.304。

表 4-7　生态流量满足程度计算结果表

	皇庄	黄家港	兴隆	仙桃	襄阳
2019 年最小日均流量(4—9 月)	531	496	597	541	599
多年平均流量(4—9 月)	1 454.88	1 105.39	1 417.5	1 212.28	1 298.25
最小日均流量占比(4—9 月)/%	36.50	44.87	42.12	44.63	46.14
赋分	66.00	89.74	84.24	89.26	92.28
2019 年最小日均流量(10—3 月)	545	506	500	492	598
多年平均流量(10—3 月)	961.74	749.08	962.45	869.76	898.76
最小日均流量占比(10—3 月)/%	56.67	67.55	51.95	56.57	66.54
赋分	100	100	100	100	100

(3)水温变异程度

比较实测水温与多年平均水温的差值,按照表 4-8 赋分。

表 4-8　水温变异程度赋分标准表

		V1	V2	V3	V4	V5
水温变化/℃	温升	[0,0.25)	[0.25,0.5)	[0.5,0.75)	[0.75,1)	≥1
	温降	(−0.5,0]	(−1,−0.5]	(−1.5,−1]	(−2,−1.5]	≤−2
赋分		100	75	50	25	0

(4)水资源开发利用率

地表水资源开发利用率按照下列公式进行计算:

$$WURI = \frac{WS}{WR} \times 100$$

式中:$WURI$——地表水资源开发利用率,%;WS——河湖流域地表水供水量,万 m^3;WR——河湖流域地表水资源量,万 m^3。

水资源开发利用率赋分标准如表 4-9 所示。

表 4-9　水资源开发利用率赋分标准表

地表水资源开发利用率/%	南方	≤20	30	40	50	≥60
	北方	≤40	50	67	75	≥90
赋分		100	80	50	20	0

通过查阅流域水资源公报,汉江流域 2019 年地表水资源总量为 474.16 亿 m^3,地表水源供水量为 131.54 亿 m^3,最终得出此项指标赋分值为 84.52。

(5) 水体自净能力

根据水中溶解氧浓度衡量水体的自净能力,赋分标准见表 4-10。评价区域内各站位饱和溶解氧浓度均在 7.5 mg/L 以上,故此项指标赋满分。

表 4-10　水体自净能力赋分标准表

溶解氧浓度/(mg/L)	饱和度≥90%(≥7.5)	≥6	≥3	≥2	0
赋分	100	80	30	10	0

(6) 水质优劣程度

由评价时段内最差水质项目的水质类别代表该河流的水质类别,将该项目实测浓度值依据《地表水环境质量标准》(GB 3838—2002)中规定的水质类别标准值和对照评分阈值进行线性内插得到评分值,赋分采用线性插值,水质类别的对照评分见表 4-11,当有多个水质项目浓度为最差水质类别时,分别进行评分计算,取最低值。

表 4-11　水质优劣程度赋分标准表

水质类别	Ⅰ、Ⅱ	Ⅲ	Ⅳ	Ⅴ	劣Ⅴ
赋分	[90,100]	[75,90)	[60,75)	[40,60)	[0,40)

利用评价区域 2019 年 7 个典型断面水质实测值进行评价,计算结果如表 4-12 所示,指标最终得分为 64.111。

表 4-12　水质优劣程度赋分结果表

断面	宗关	转斗	罗汉闸	皇庄	小河	汉南村	岳口
赋分	69.350	63.025	68.850	61.800	61.175	61.550	63.025

（7）水体营养状况

采用综合营养状态指数法考察研究区域水体营养状况,综合营养状态指数考虑的因素为总氮浓度（TN）、总磷浓度（TP）、叶绿素（Chl. a）、透明度（SD）和高锰酸盐指数（COD_{Mn}）,利用 2019 年对汉江中下游两次生态调查的数据计算综合营养状态指数,其分级标准及计算结果如表 4-14、表 4-15 及图 4-6 所示。

综合营养状态指数公式如下:

$$TSI = \sum_{j=1}^{m} W_j \times TLI(j)$$

$$TLI(COD) = 10 \times (0.109 + 2.661 \ln COD)$$

$$TLI(TP) = 10 \times (9.436 + 1.624 \ln TP)$$

$$TLI(TN) = 10 \times (5.453 + 1.694 \ln TN)$$

$$TLI(SD) = 10 \times (5.118 - 1.94 \ln SD)$$

$$TLI(Chl. a) = 10 \times (2.5 + 1.086 \ln Chl. a)$$

式中:TSI——综合营养状态指数;TLI(j)——第 j 种参数的营养状态指数;W_j——第 j 种参数的营养状态指数的相关权重。以 Chl. a 为基准参数,则第 j 种参数的归一化的相关权重计算公式为:

$$W_j = \frac{r_{ij}^2}{\sum\limits_{j=1}^{m} r_{ij}^2}$$

式中:r_{ij}——第 j 种参数与基准参数 Chl. a 的相关系数;m——评价参数的个数。中国湖泊的 Chl. a 与其他参数之间的相关关系 r_{ij} 和 r_{ij}^2 见表 4-13。

（8）水功能区达标率

采用达标水功能区个数占评估水功能区个数的百分比进行评估。本研究涉及水功能区共20个,2019年水质因子未达相应标准的水功能区有两个,故指标赋分值为90。

表 4-13　中国湖泊的 Chl. a 与其他参数之间的相关关系 r_{ij} 和 r_{ij}^2 值

参数	Chl. a	TP	TN	SD	COD_Mn
r_{ij}	1	0.84	0.82	−0.83	0.83
r_{ij}^2	1	0.705 6	0.672 4	0.688 9	0.688 9

表 4-14　综合营养状态指数分级标准

营养状态	贫营养	中营养	富营养	轻度富营养	中度富营养	重度富营养
TSI	TSI<30	30≤TSI≤50	TSI>50	50<TSI≤60	60<TSI≤70	TSI>70

表 4-15　综合营养状态指数结果表

	老河口	襄阳	钟祥	沙洋	潜江	仙桃	新沟	宗关
2019.2	30.95	30.82	40.28	45.36	45.17	45.63	48.19	38.75
2019.5	34.79	32.81	34.84	39.55	39.04	40.78	45.58	33.29
2019.8	37.28	37.74	44.03	49.32	53.74	53.11	54.00	46.23
平均值	34.34	33.79	39.72	44.74	45.98	46.51	49.26	39.42

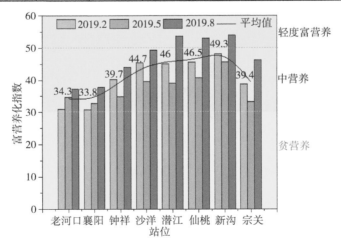

图 4-6　综合营养状态指数

（9）鱼类保有指数

评价现状鱼类指数与历史参考点鱼类种数的差异状况,利用如下公式计算,赋分标准表见表 4-16。

$$FOEI = \frac{FO}{FE} \times 100$$

式中:FOEI——鱼类保有指数,%;FO——评价河湖调查获得的鱼类种类数量(剔除外来物种),(种);FE——1980 年以前评价河湖的鱼类种类数量,(种)。

表 4-16　鱼类保有指数赋分标准表

鱼类保有指数/%	100	75	50	25	0
赋分	100	60	30	10	0

1974 年汉江中下游鱼类资源调查收集到鱼类种群 92 种,隶属 8 目 20 科 58 属。2019 年的调查中采集到鱼类 85 种,隶属于 8 目 20 科 63 属。计算得出鱼类保有指数赋分值为 87.83。

（10）大型底栖动物生物指数

采用 Hilsenhoff 生物指数(BI)对汉江中下游流域各样点的水质进行生物评价,相应评价等级见表 4-17,BI 生物指数计算方法如下:

$$BI = \sum_{i=1}^{s} \frac{n_i a_i}{N}$$

式中:n_i——第 i 分类单元的个体数;a_i——第 i 分类单元的耐污值;N——各分类单元的个体总和;s——分类单元个数。

表 4-17　BI 生物指数评价等级表

等级	极清洁	清洁	轻度污染	中度污染	严重污染
指数值	(0,4]	(4,5.5]	(5.5,7]	(7,8.5]	(8.5,10]

根据 2019 年水生生态调查数据,计算结果如表 4-18 所示,综合各站位计算结果,得出汉江中下游流域大型底栖动物生物指数值为 7.915。

表 4-18   BI 生物指数计算结果表

	老河口	襄阳	转斗	罗汉闸	红旗码头	石矶	新沟	宗关
BI 指数	7.82	6.52	7.03	8.05	8.13	8.55	8.35	8.87

(11)浮游植物多样性指数

某一群落种类多样性指数越高,表明该群落结构越复杂,稳定性越大;而当水体受到污染时,敏感种大量消失,多样性指数明显下降,表明该群落结构趋于简单,稳定性越小。依据相关文献并结合汉江中下游现状,划分评价等级如表 4-19 所示,各站位 Margalef 丰富度指数计算结果见表 4-20,计算得出汉江中下游浮游植物多样性指数值为 2.31。

表 4-19   Margalef 丰富度指数评价等级表

等级	清洁	寡污型	β-中污型	α-中污型	α-重污型
指数值	＞5	(4,5]	(3,4]	(0,3]	0

表 4-20   Margalef 丰富度指数计算结果表

	老河口	襄阳	转斗	罗汉闸	红旗码头	石矶	新沟	宗关	平均
2019 年 2 月	2.97	2.88	2.85	3.04	2.16	2.75	3.24	2.32	2.78
2019 年 5 月	2.35	1.7	1.63	1.63	1.39	1.79	1.36	1.21	1.63
2019 年 8 月	2.31	1.84	2.25	2.94	2.96	2.23	3.37	2.38	2.53
平均	2.54	2.14	2.24	2.54	2.17	2.26	2.66	1.97	2.31

(12)集中式饮用水水源地水质达标率

通过查阅研究区域集中式饮用水水源地水质质量公报,研究区域饮用水水源地水质均可达标,因此本指标赋分值为满分。

根据水利部《河湖健康评价技术导则》计算的各评价指标赋分值计算结果汇总如表 4-21 和图 4-7 所示。

表 4-21   指标赋分值计算结果汇总表

评价指标	分值
河流纵向连通性	55.440
生态流量满足程度	84.304

续表

评价指标	分值
水资源开发利用率	84.520
水质优劣程度	64.111
水体自净能力	100.000
水功能区达标率	90.000
鱼类保有指数	87.830
集中式饮用水水源地水质达标率	100.000

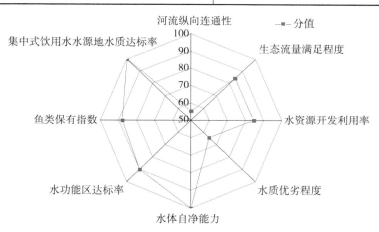

图 4-7　指标赋分值计算结果雷达图

4.3.2　评价标准确定

由于各项指标的性质不同,评价标准和等级划分也存在差异,因此需要建立综合评价标准,将各指标的评价等级与评价标准对应起来,便于后续进行综合评价。在借鉴现有研究成果和规范标准的基础上,咨询相关专家,制定了定性和定量指标的评价等级,评价指标等级特征见表4-22。

4.3.3　指标权重计算

利用层次分析法计算指标权重,根据专家咨询的结果构造判断矩阵,用方根法计算指标权重,对判断矩阵进行一致性检验,准则层判断矩阵及权重计算结果列于表 4-23 中。

表 4-22　评价指标等级特征

指标层	等级特征				
	理想健康	健康	亚健康	不健康	病态
河流纵向连通指数(个/100 km)	0	0.25	0.5	1	≥1.2
岸线植被覆盖度	极重度覆盖	重度覆盖	中度覆盖	植被稀疏	无植被
岸线稳定性	优	良	中	差	极差
生态流量满足程度	≥50	40	30	10	<10
水温变化程度	100	75	50	25	0
水资源开发利用率(%)	≤20	30	40	50	≥60
水体自净能力	≥7.5	≥6	≥3	≥2	0
水质优劣程度	100	80	60	40	20
水体营养状况	30	40	50	60	70
水功能区达标率(%)	100	75	50	25	0
鱼类保有指数(%)	100	75	50	25	0
大型底栖动物生物指数	(0,4]	(4,5.5]	(5.5,7]	(7,8.5]	(8.5,10]
浮游植物多样性指数	>5	(4,5]	(3,4]	(0,3]	0
公众满意度	100	80	60	30	0
通航水深保证率(%)	100	75	50	25	0
集中式饮用水水源地水质达标率(%)	[95,100]	[85,95)	[60,85)	[20,60)	[0,20)

表 4-23　准则层判断矩阵及权重结果

	物理结构(B1)	水文水资源(B2)	水质(B3)	水生生物(B4)	社会服务功能(B5)	权重
物理结构(B1)	1	0.75	0.75	0.6	3	0.176
水文水资源(B2)	1.33	1	1	0.8	4	0.235
水质(B3)	1.33	1	1	0.8	4	0.235
水生生物(B4)	1.67	1.25	1.25	1	5	0294
社会服务功能(B5)	0.33	0.25	0.25	0.2	1	0.06

当判断矩阵不能保证具有完全一致性时,其特征根也将发生变化,因此可以利用判断矩阵特征根的变化来判断矩阵的一致性程度,计算 A－B 判断矩阵的特征向量及最大特征根并进行一致性检验,$\lambda_{max}=5$,$\boldsymbol{W}=(0.176,0.235,0.235,0.294,0.06)^{\mathrm{T}}$,$CR=0<0.1$,一致性检验通过。

计算 B－C 判断矩阵的特征向量及最大特征根并进行一致性检验,最终得到指标层的权重,根据权重大小进行排序,可以得到各指标的相对重要性顺序,计算结果列于表4-24。

表 4-24 权重计算结果及顺序

目标层	准则层	指标层	指标层相对目标层的权重	排序
汉江中下游河流健康综合指数	物理结构 (0.176)	河流纵向连通性(0.33)	0.058	7
		岸线植被覆盖度(0.5)	0.088	5
		岸线稳定性(0.17)	0.030	11
	水文水资源 (0.235)	生态流量满足程度(0.56)	0.132	2
		水温变异程度(0.33)	0.078	6
		水资源开发利用率(0.11)	0.026	12
	水质 (0.235)	水质优劣程度(0.33)	0.078	6
		水体自净能力(0.17)	0.040	8
		水体营养状况(0.42)	0.099	4
		水功能区达标率(0.08)	0.019	13
	水生生物 (0.294)	鱼类保有指数(0.5)	0.147	1
		大型底栖动物生物指数(0.375)	0.110	3
		浮游植物多样性指数(0.125)	0.037	9
	社会服务功能 (0.060)	公众满意度(0.2)	0.012	14
		集中式饮用水水源地水质达标率(0.6)	0.036	10
		通航水深保证率(0.2)	0.012	14

4.4 模糊综合评价

4.4.1 隶属度矩阵

首先根据各指标对河流健康程度的不同响应关系对指标进行分类,以确定隶属度矩阵。单项指标值与河流健康程度呈正相关关系的指标为正向指标,包括河流纵向连通性、岸线植被覆盖度、生态流量满足程度、鱼类保有指数等指标;单项指标值与河流健康程度呈负相关关系的指标为逆向指标,包括水体营养状况、大型底栖动物生物指数等指标。用隶属度来描述元素与模糊集合之间的关系,以隶属函数来表示,隶属度是大于 0 小于 1 的正数,其值越接近 1,说明该元素隶属于这个集合的程度越大。首先划定评价等级 V_1—V_5,分别对应河流健康状态的五个等级特征理想健康、健康、亚健康、不健康和病态。定性指标采用专家打分法确定隶属度,指标对 V_n 的隶属度等于认为该指标处于此等级的专家人数除以参与打分的专家总人数,定量指标的隶属函数计算方法如下:

(1)正向指标:

①若 $X > V_1$,则 X 对于 V_1 的隶属度为 1,对于其他等级隶属度为 0。

②若 $V_{n+1} < X < V_n$,那么 X 对于 V_{n+1} 的隶属度 $D = \dfrac{V_n - x}{V_n - V_{n+1}}$;对于 V_n 的隶属度为 $1 - d$;对于其他等级隶属度为 0。

③若 $X < V_5$,那么 X 对于 V_5 隶属度为 1,对于其他等级隶属度为 0。

(2)逆向指标:

①若 $X < V_1$,则 X 对于 V_1 的隶属度为 1,对于其他等级隶属度为 0。

②若 $V_n < X < V_{n+1}$,那么 X 对于 V_{n+1} 的隶属度 $D = \dfrac{X - V_n}{V_{n+1} - V_n}$;对于 Vn 的隶属度为 $1 - d$;对于其他等级隶属度为 0。

③若 $X > V_5$,那么 X 对于 V_5 隶属度为 1,对于其他等级隶属度为 0。

根据上述方法计算各指标的隶属度,计算结果如表4-25所示。

表4-25 隶属度计算结果

评价指标	对评价等级的隶属度				
	理想健康	健康	亚健康	不健康	病态
河流纵向连通性	0	0.773	0.227	0	0
岸线植被覆盖度	0	0.133	0.200	0.667	0
岸线稳定性	0.400	0.533	0.067	0	0
生态流量满足程度	0.285	0.715	0	0	0
水温变异程度	0	0.076	0.924	0	0
水资源开发利用率	0.226	0.774	0	0	0
水体自净能力	1	0	0	0	0
水质优劣程度	0	0.206	0.794	0	0
水体营养状况	0	0.828	0.172	0	0
水功能区达标率	0.600	0.400	0	0	0
鱼类保有指数	0.696	0.304	0	0	0
大型底栖动物生物指数	0	0	0.390	0.610	0
浮游植物多样性指数	0	0	0	0.770	0.230
公众满意度	0	0.905	0.095	0	0
通航水深保证率	0	0.310	0.690	0	0
集中式饮用水水源地水质达标率	1	0	0	0	0

4.4.2 模糊合成运算

模糊综合评价是根据评价指标体系的五个准则层进行的分层模糊评价,它是将计算得出的权重集和隶属度集进行模糊合成运算,模糊算子采用乘法有界算子。以准则层物理结构 B1 为例,计算过程如下:

$$S_1 = W_1 \circ F_1 = (W_1, W_2, W_3) \circ \begin{pmatrix} f_{11} & f_{12} & f_{13} & f_{14} & f_{15} \\ f_{21} & f_{22} & f_{23} & f_{24} & f_{25} \\ f_{31} & f_{32} & f_{33} & f_{34} & f_{35} \end{pmatrix}$$

$$= (0.33, 0.5, 0.17) \circ \begin{pmatrix} 0 & 0.773\,2 & 0.226\,8 & 0 & 0 \\ 0 & 0.133 & 0.2 & 0.667 & 0 \\ 0.4 & 0.533 & 0.067 & 0 & 0 \end{pmatrix}$$

$$= (0.068, 0.412, 0.186, 0.334, 0)$$

$$\boldsymbol{S}_R = \boldsymbol{W}_R \circ \boldsymbol{F}_R$$

$$= (0.176, 0.235, 0.235, 0.294, 0.06)$$

$$\circ \begin{pmatrix} 0.068 & 0.412 & 0.186 & 0.334 & 0 \\ 0.184 & 0.511 & 0.305 & 0 & 0 \\ 0.338 & 0.4 & 0.262 & 0 & 0 \\ 0.348 & 0.152 & 0.146 & 0.325 & 0.029 \\ 0.6 & 0.243 & 0.157 & 0 & 0 \end{pmatrix}$$

$$= (0.273, 0.346, 0.218, 0.154, 0.009)$$

按照相同步骤,分别计算出各准则层的模糊综合评价矩阵 $\boldsymbol{S}$,准则层模糊评价结果列于表 4-26。各层次指标状况及综合评价指数如图 4-8 和图 4-9 所示。

根据准则层 B 相对目标层 A 的权重和分层模糊综合评价结果进行河流健康模糊综合评价,得出汉江中下游河流健康状况结果,见表 4-27。

表 4-26 准则层模糊评价结果

准则层	健康评价结果				
	理想健康	健康	亚健康	不健康	病态
物理结构 B1	0.068	0.412	0.186	0.334	0
水文水资源 B2	0.184	0.511	0.305	0	0
水质 B3	0.338	0.400	0.262	0	0
水生生物 B4	0.348	0.152	0.146	0.325	0.029
社会服务功能 B5	0.600	0.243	0.157	0	0

物理结构

—— 河流纵向连通性　——　岸线植被覆盖度　——　岸线稳定性

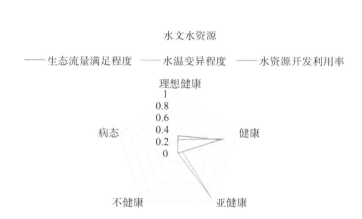

水文水资源

—— 生态流量满足程度　——　水温变异程度　——　水资源开发利用率

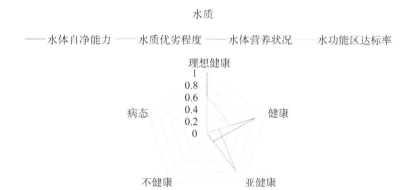

水质

—— 水体自净能力　——　水质优劣程度　——　水体营养状况　——　水功能区达标率

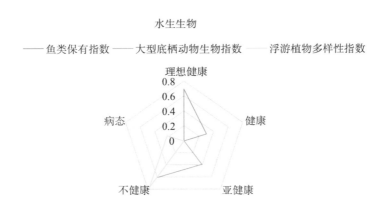

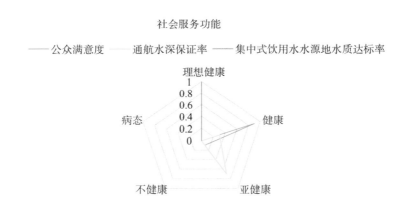

图 4-8　各层次指标状况雷达图

表 4-27　目标层模糊评价结果

目标层	模糊综合评价结果				
	理想健康	健康	亚健康	不健康	病态
河流健康综合指数	0.273	0.346	0.218	0.154	0.009

　　根据模糊综合评价结果可以看出，研究区域对"健康"等级的隶属度最大，为 0.346，因此汉江中下游河流基本处于比较健康的状态。模糊分层评价计算结果表明，指标层中岸线植被覆盖度、大型底栖动物生物指数和浮游植物多样性指数三项指标为"不健康"状态，水利枢纽的建设会破坏河流沿岸的植物，导致岸线植被覆盖度变低；水生生物多样性较低主要是由于大坝的拦

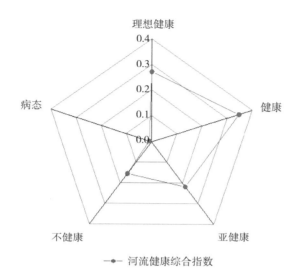

图 4-9 综合评价指数雷达图

截作用,使水生生物的生境发生显著变化,导致群落结构趋于单一;水温变异程度、水质优劣程度和通航水深保证率三项指标处于"亚健康"状态,说明梯级大坝的建设和调节作用对河流的水温、水质和水位均造成了一定的影响,具体表现为水温变化幅度大、总氮浓度较高和水位不稳定。准则层中,将指标权重与隶属度耦合计算,结果显示五项指标均为"健康"或"理想健康"状态,这是由于同一层次中较为重要的指标表现良好,相对平衡了表现较差的指标。对目标层进行模糊综合评价的结果显示汉江中下游河流生态系统对"健康"状态的隶属度最大,表明河流整体上未受较大的影响,说明开发建设过程中的相应生态保护措施是有显著成效的。

第五章

河流健康评价研究展望

5.1 存在问题

（1）河流健康评价体系仍需完善

河流健康评价体系中主要包括物理、化学、生物三大部分，目前的研究中社会服务功能也常被考虑，因此可选的评价指标众多，在实际应用时常难以取舍，有可能出现指标冗余导致评价结果不准确的情况；除此之外，一些评价指标在实际应用时难以实际调查和定量，并且没有形成统一的评价标准，人为定性的评价指标主观性强，需要研究者有丰富的经验，不利于评价体系推广应用。

（2）河流健康评价方法尚待优化

目前的生态系统评价方法虽然有很多可供选择，但实际应用时往往比较复杂，单一的评价方法虽然简单易行，但是对如今情况复杂的河流生态系统来说已不适用；多指标评价法使用起来较为灵活，但也有主观性强的缺点，不同研究者应用时选择的评价指标和得出的结论不一致；预测模型法还不成熟，且对研究者能力和河流基础资料的要求较高，应用起来也有一定的局限性。所以，要想使河流健康评价变成河流管理的有效工具，找到一种操作性强、评价结果准确的评价方法仍需不断地探索和实践。

（3）河流健康评价工作亟待发展

国外的流域管理工作中开展生态系统健康评价已成为常态化的基础工作，具有完备的指导意见和法律标准，并且与环境监测部门、污染防治部门和环境影响评价部门等相关工作紧密结合，这就减少了实际工作中的很多麻烦和阻力，而我国目前尚未将生态系统健康评价工作纳入实际工作中，且缺少相关法律和标准的支持。

5.2 展望

我国生态系统健康评价工作虽起步较晚,但发展迅速。近年来已有众多学者针对各大流域、城市河流和山区河流开展了大量工作,已完成了探索阶段,进入发展完善阶段。笔者根据文献调研和实际应用过程中的思考感悟,总结了目前我国河流生态系统健康评价的研究和实践工作展望,叙述如下:

(1)在评价指标的选择上,对于水生生物方面的研究较浅,选择的生物也有局限,在今后的工作中还应重点开展生物完整性的研究,研究相关评价指标和评价标准,完善现有的评价指标体系;此外,生物群落结构的变化与河流物理化学指标之间的关系也是需要研究的方向之一。

(2)在评价标准的制定上,目前的研究多是在前人的研究基础上,结合评价水域生态系统的特点制定评价标准,有的评价指标相关资料较少时,常利用环境本底值辅助确定,仍需要进一步的完善;评价标准的确定方法也具有一定主观性,用不同的分位数确定的分级评价标准最终得到的评价结果大有不同。

(3)对于有特殊开发用途的水域,如建有堤坝和水闸的河流、水库等,不能照搬普通河流的评价指标体系,应建立符合水域特点的评价体系,有必要的话需要结合工程特点进行评价,目前已有相关研究用压力-状态-响应法进行评价,但是实际工作中仍缺少法律基础和技术支持,仍需完善和发展。

(4)对于河流不断变化的污染情况,评价指标也要不断发展,比如水体理化性质指标,目前常用的有溶解氧和营养盐指标,对于处于工业区的河流还应考虑重金属和有机物污染指标等,对于一些新兴污染物,也是今后的重点研究内容。

参考文献

［1］吴阿娜.河流健康评价：理论、方法与实践［D］.上海：华东师范大学.2008.

［2］RAPPORT D J，REGIER H A，HUTCHINSON T C. Ecosystem Behavior Under Stress［J］. American Naturalist，1985，125（5）：617-640.

［3］KARR J R. Biological Intergrity：a Long Neglected Aspect of Water Resource Management［J］. Ecological Applications，1991，1（1）：66-84.

［4］SCHOFIELD N J，DAVIES P E. Measuring the Health of Our Rivers［J］. Water，1996，23：39-43.

［5］SIMPSON J，NORRIS R，BARMUTA L，et al. AusRivAS-National River Health Program［R］. User Manual Website Version，1999.

［6］MEYER J L. Stream Health：Incorporating the Human Dimension to Advance Stream Ecology［J］. Journal of the North American Benthological Society，1997，16（2）：439-447.

［7］FAIRWEATHER P G. State of Environment Indicators of "River Health"：Exploring the Metaphor［J］. Freshwater Biology，1999，41（2）：211-220.

［8］ROGERS K，BIGGS H. Integrating Indicators，Endpoints and Value Systems in Strategic Management of the River of the Kruger National Park［J］. Freshwater Biology，1999，41（2）：439-451.

［9］曹明弟.城市河流生态系统健康评价指标体系研究及其应用［D］.北京：中国环境科学研究院.2007.

［10］PARSONS M，THOMAS M，NORRIS R. Australian River Assessment System：Review of Physical River Assessment Methods-A Biological Perspective，Monitoring River Health Initiative Technical Report No. 21［M］. Canberra：Commonwealth of

Australia and University of Canberra,2002.

[11] BOON P J, HOLMES N, MAITLAND P S, et al. A System for Evaluating Rivers for Conservation (SERCON): Development, Structure and Function. Freshwater Quality:Defining the Indefinable? [M]. The Stationary Office, Edingburgh,1997: 299-326.

[12] PETERSON R C. The RCE: A Riparian, Channel, and Environmental Inventory for Small Streams in the Agriculture Landscape[J]. Freshwater Biology, 1992, 27 (2):295-306.

[13] LADSON A R, WHITE L J, DOOLAN J A,et al. Development and Testing of an Index of Stream Condition for Waterway Management in Australia[J]. Freshwater Biology,1999,41(2):453-468.

[14] KARR J R. Defining and measuring river health[J]. Freshwater Biology, 1999, 41 (2):221-234.

[15] KARR J R. Assessment of Biotic Integrity Using Fish Communities[J]. Fisheries, 1981,6(6):21-27.

[16] HUGHES R M, PAULSEN S G, STODDARD J L. EMAP Surface Water: A Multiass-emblage, Probability Survey of Ecological Integrity in the USA [J]. Hydrobiologia,2000,422-423:429-443.

[17] BARBOUR M T, GERRITSEN J, SNYDER B D, et al. Rapid Bioassessment Protocols for Use in Streams and Wadeable Rivers: Periphyton, Benthic Macroinvertebrates and Fish[M]. 2nd ed. Washington D C: U. S. Environmental Protection Agency,1999.

[18] FLOTEMERSCH J E,STRIBLING J B,PAUL M J. Concepts and Approaches for the Bioassessment of Non-wadeable Streams and Rivers[M]. Washington DC: U. S. Environmental Protection Agency,2006.

[19] RAVEN P J,HOLMES N T H,DAWSON F H,et al. Quality Assessment Using River Habitat Survey Data[J]. Aquatic Conservation,1998,8:477-499.

[20] NORRIS R H,MORRIS K R. The Need for Biological Assessment of Water Quality: Australian Perspective[J]. Australian Jounal of Ecolgy,1995,20:1-6.

［21］SENIOR B，HOLLOWAY D，SIMPSON C. Alignment of State and National River and Wetland Health Assessment Needs［R］. Brisbane：The State of Queensland，Department of Environment and Resource Management，2011.

［22］DAVIES P，HARRIS J，HILLMAN T，et al. SRA Report 1：A Report on the Ecological Health of Rivers in the Murray-Darling Basin，2008：2004－2007［R］. Canberra：Murray-Darling Commission，2008.

［23］COPPER J A G，RAMM A E L，HARRISON T D. The Estuarine Health Index，A New Approach to Scientific Information Transfer［J］. Ocean & Coastal Management，1994，25：103-141.

［24］蔡庆华，唐涛，刘健康. 河流生态学研究中的几个热点问题［J］. 应用生态学报，2003（9）：1573-1577.

［25］董哲仁. 河流健康的内涵［J］. 中国水利，2005（4）：15-18.

［26］唐涛，蔡庆华，刘健康. 河流生态系统健康及其评价［J］. 应用生态学报，2002（9）：1191-1194.

［27］叶属峰，刘星，丁德文. 长江河口海域生态系统健康评价指标体系及其初步评价［J］. 海洋学报（中文版），2007（4）：128-136.

［28］王备新，杨莲芳，刘正文. 生物完整性指数与水生态系统健康评价. 生态学杂志，2006（6）：707-710.

［29］张杰，蔡德所，曹艳霞，等. 评价漓江健康的 RIVPACS 预测模型研究［J］. 湖泊科学，2011，23（1）：73-79.

［30］张远，郑丙辉，刘鸿亮，等. 深圳典型河流生态系统健康指标及评价［J］. 水资源保护，2006（5）：13-17＋52.

［31］金相灿，王圣瑞，席海燕. 湖泊生态安全及其评估方法框架［J］. 环境科学研究，2012，25（4）：357-362.

［32］赵彦伟，杨志峰. 城市河流生态系统健康评价初探［J］. 水科学进展，2005（3）：349-355.

［33］邓晓军，许有鹏，翟禄新，等. 城市河流健康评价指标体系构建及其应用［J］. 生态学报，2014，34（4）：993-1001.

［34］李卫明，艾志强，刘德富，等. 基于水电梯级开发的河流生态健康研究［J］. 长江流域

资源与环境,2016,25(6):957-964.

[35] 钟华平,刘恒,耿雷华.澜沧江流域梯级开发的生态环境累积效应[J].水利学报,2007(S1):577-581.

[36] 买占,李诗琦,郭超,等.汉江中下游浮游植物群落结构及水质评价[J].生物资源,2020,42(3):271-278.

[37] 赵鑫涯.长江大保护背景下健康长江评价研究——以秦州为例[D].南京:南京大学,2020.

[38] 张立.健康长江水域生态指标体系与评价方法初步研究[D].南京:河海大学,2007.

[39] 吴道喜,黄思平.健康长江指标体系研究[J].水利水电快报,2007(12):1-3.

[40] 蔡其华.维护健康长江 促进人水和谐[J].中国水利.2005(8):7-9.

[41] 邹曦,杨志,郑志伟,等.长江干流典型区域河流生境健康评价[J].长江流域资源与环境,2020,29(10):2219-2228.

[42] 张文鸽.黄河干流水生态系统健康指标体系研究[D].西安:西安理工大学,2008.

[43] 彭勃,王化儒,王瑞玲,等.黄河下游河流健康评估指标体系研究[J].水生态学杂志,2014,35(6):81-87.

[44] 刘晓燕,张原峰.健康黄河的内涵及其指标[J].水利学报,2006(6):649-654+661.

[45] 林木隆,李向阳,杨明海.珠江流域河流健康评价指标体系初探[J].人民珠江,2006(4):1-3+14.

[46] 金占伟,李向阳,林木隆,等.健康珠江评价指标体系研究[J].人民珠江,2009(1):20-22.

[47] 孙治仁,宋良西.对河流健康的认识和维护珠江健康的思考[J].人民珠江,2005(3):4-5.

[48] 刘玉年,夏军,程绪水,等.淮河流域典型闸坝断面的生态综合评价[J].解放军理工大学学报(自然科学版),2008,9(6):693-697.

[49] 张颖,胡金,万云,等.基于底栖动物完整性指数 B-IBI 的淮河流域水系生态健康评价[J].生态与农村环境学报,2014,30(3):300-305.

[50] 李瑶瑶,于鲁冀,吕晓燕,等.淮河流域(河南段)河流生态系统健康评价及分类修复模式[J].环境科学与技术,2016,39(7):185-192.

[51] 胡金.淮河流域水生态健康状况评价与研究[D].南京:南京大学,2015.

［52］谢悦. 淮河中上游河流健康评价指标体系与方法研究［D］. 武汉：武汉大学，2017.

［53］李喆,霍堂斌,吴松,等. 基于着生藻类的松花江哈尔滨段明水期三季健康评价［J］. 水产学杂志,2019,32(5)：47-54.

［54］魏春凤. 松花江干流河流健康评价研究［D］. 长春：中国科学院大学(中国科学院东北地理与农业生态研究所),2018.

［55］阴琨. 松花江流域水生态环境质量评价研究［D］. 北京：中国地质大学(北京),2015.

［56］罗莎,张凯,李强. 海河干流健康评估体系研究［J］. 水资源保护,2016,32(4)：142-146+153.

［57］王乙震,郭书英,崔文彦. 海河流域河湖健康评估的实践与发展［J］. 海河水利,2017(4)：7-11.

［58］郝利霞,孙然好,陈利顶. 海河流域河流生态系统健康评价［J］. 环境科学,2014,35(10)：3692-3701.

［59］殷会娟. 河流生态需水及生态健康评价研究［D］. 天津：天津大学,2006.

［60］宗福哲. 辽河流域水生态健康评价［D］. 沈阳：辽宁大学,2017.

［61］张楠,孟伟,张远,等. 辽河流域河流生态系统健康的多指标评价方法［J］. 环境科学研究,2009,22(2)：162-170.

［62］张远,赵瑞,渠晓东,等. 辽河流域河流健康综合评价方法研究［J］. 中国工程科学,2013,15(3)：11-18.

［63］WRIGHT J F, FURSE M T, MOSS D. River Classification Using Invertebrates: RIVPACS applications ［J］. Aquatic Conservation: Marine and Freshwater Ecosystems,1998,8(4)：617-631.

［64］SMITH J M, KAY W R, EDWARD D H D, et al. AusRivAS: Using Macroinvertebrates to Assess Ecological Condition of Rivers in Western Australia ［J］. Freshwater Biology,1999,41(2)：269-282.

［65］KINGSFORD R T. Aerial Survey of Waterbirds on Wetlands as a Measure of River and Floodplain Health［J］. Freshwater Biology,1999,41：425-438.

［66］PAVLUK T I. Development of an Index of Trophic Completeness for Benthic Macro-invertebrate Communities in Flowing Waters［J］. Hydrobiologia,2000,427：135-141.

［67］GIPPEL C J, ZHANG Y, QU X D, et al. River Health Assessment in China:

Comparison and Development of Indicators of Hydrological Health[R]. Brisbane：ACEDP Technical Report 4，2011.

[68] 赵恩民. 多因子影响汉江中下游水环境时空变化及武汉段水华生消机制[D]. 中国地质大学，2022.